Kathrin Strehlau | Brigitte Berscheid

Online-Teamhacks

Impulse und Tools für die Online-Zusammenarbeit

managerSeminare Verlags GmbH, Edition Leadership professionell

Kathrin Strehlau, Brigitte Berscheid
Online-Teamhacks
Impulse und Tools für die Online-Zusammenarbeit

© 2021 managerSeminare Verlags GmbH
Endenicher Str. 41, D-53115 Bonn
Tel: 0228 / 97791-0, Fax: 0228 / 616164
E-Mail: info@managerseminare.de
www.managerseminare.de/shop

ISBN: 978-3-95891-098-0

Herausgeber der Edition Training aktuell:
Ralf Muskatewitz, Jürgen Graf, Nicole Bußmann

Lektorat: Ralf Muskatewitz
Satz: Sadia Oumohand
Covermotiv und Grafiken: Sonja Buske
Druck: CPI Ebner & Spiegel GmbH, Ulm

Dieses Buch ist eine Impuls- und Tool-Sammlung rund um Online-Teamarbeit.

Gerade in der digitalen Zusammenarbeit gibt es besondere Herausforderungen, die neue Lösungen brauchen. Führungskräfte, Teams, Personen im Personalbereich und Berater:innen bekommen dafür praxiserprobte und einfach umsetzbare Hacks als schnelle Impulse oder Tools mit Schritt-für-Schritt-Anleitung an die Hand.

Dieses Buch wird ergänzt um Online-Arbeitshilfen, die zum Download abrufbar sind. Sie sind in den jeweiligen Passagen benannt und noch einmal auf den Seiten 262/263 aufgelistet. Dort befindet sich auch der Zugangs-Link zu den Download-Abrufen. Achten Sie auf dieses Icon:

Inhalt

Kathrin Strehlau, Brigitte Berscheid: Online-Teamhacks

Über dieses Buch

Arbeiten von überall, Digitalisierung der Zusammenarbeit, New Work, New Normal – die Arbeitswelt ist mitten im Wandel.

Mit der Einführung neuer Tools ist es dabei nicht getan: Die digitale Zusammenarbeit bringt viele Paradigmenwechsel mit sich. Methoden und Prozesse, die bisher gut funktioniert haben, müssen neu gedacht werden.

Die verschiedenen digitalen Kollaborations-Tools bieten unendliche Möglichkeiten, digitale Arbeitswelten zu erschaffen. Das gleiche Tool kann häufig auf unterschiedliche Weise eingesetzt werden.

In der digitalen Zusammenarbeit kommt es deshalb nicht nur darauf an, das notwendige Know-how zu haben, um die Tools zu bedienen. Es kommt darauf an, zu wissen, wie die Tools kreativ und effizient eingesetzt werden können, also auf das Know-what, -how & -when.

Wir beschäftigen uns intensiv mit der digitalisierten Zusammenarbeit und haben in diesem Buch einfache Hacks zusammengetragen, die Teams dabei helfen, die neue Art der Zusammenarbeit zu gestalten und mit der technischen Entwicklung Schritt zu halten. Vom Onboarding-Prozess bis zum Krisenmanagement: Unsere Hacks sind in der Praxis erprobt und können in vielen Situationen Game-Changer für dich und dein Team sein.

Viel Spaß bei der Lektüre und beim Ausprobieren!

Kathrin Strehlau & Brigitte Berscheid

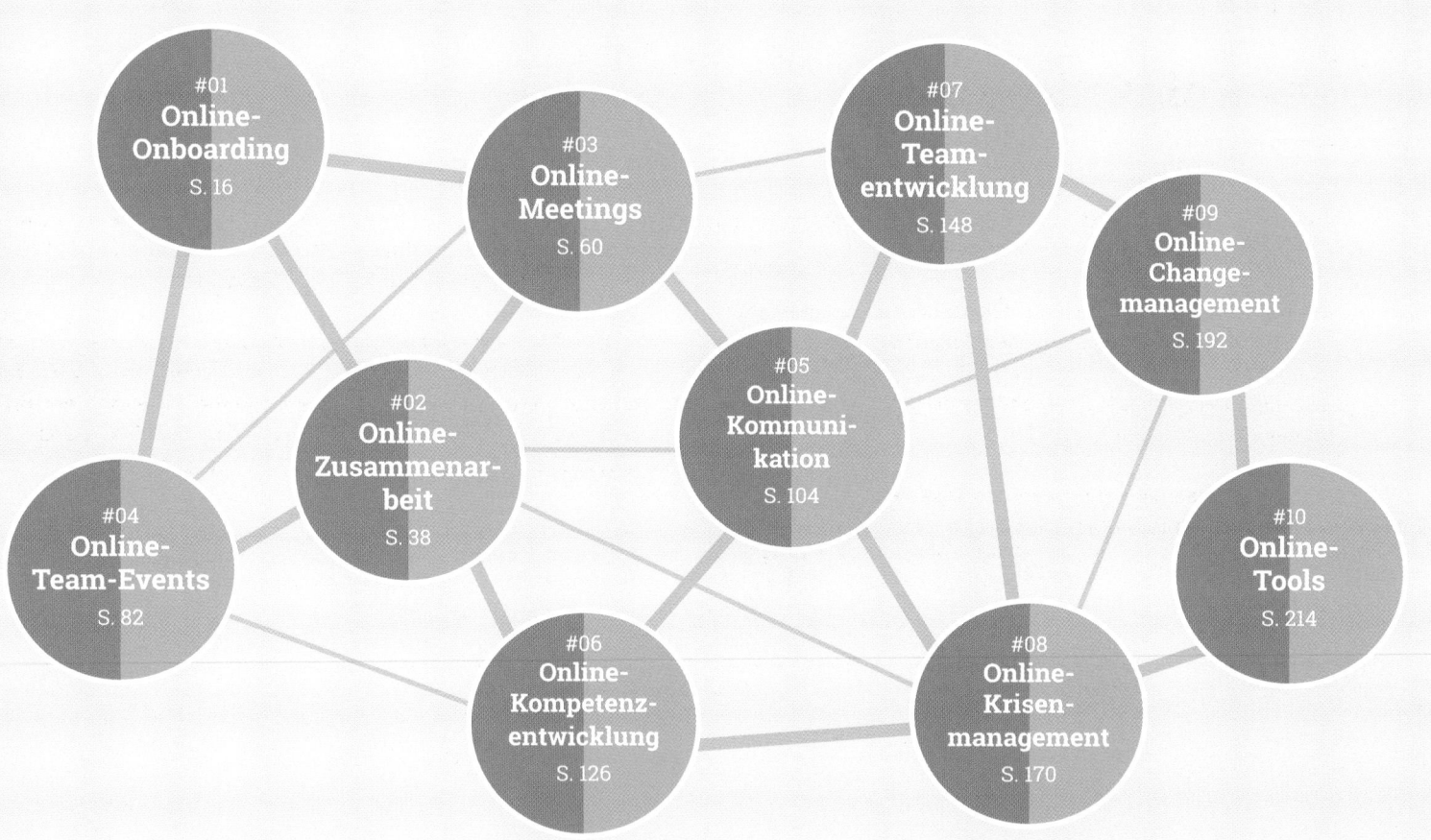

Die Fokusthemen

Wir leben in einer vernetzten Welt – und deshalb haben wir auch unsere Online-Teamhacks als Netz dargestellt:

Digitale Medien vernetzen uns mit Menschen, unabhängig davon, wo diese wohnen oder arbeiten und unabhängig von Zeitzonen – alles kann zu jeder Zeit stattfinden. Kommunikationswege werden schneller, Entwicklungs- und Veränderungsprozesse folgen immer kürzer werdenden Zyklen.

In digitalen Teams verknüpfen wir unser erlerntes „altes" Wissen, wie Zusammenarbeit funktioniert, mit einer völlig neuen Arbeitsumgebung. Neue Herangehensweisen und bekannte Arbeitstechniken verweben sich zu Frameworks, die selbstorganisiertes Arbeiten in digitalen Teams ermöglichen. Digitale Tools werden zu virtuellen Arbeitswelten verknüpft.

Die Hacks sind diesen Fokusthemen zugeordnet. Unsere Hacks sind auch zwischen den Fokusthemen untereinander vernetzt und kombinierbar. Nutze sie daher entweder immer wieder pointiert zu einem bestimmten Anliegen oder lass dich inspirieren. Es gibt kein Richtig oder Falsch, es gibt nur deinen Weg.

Unser Mindset beeinflusst ...

#kürze

Ein kurzer, dafür praxisnaher Impuls ist meist effektiver als eine ausführliche Abhandlung. Wir haben für dieses Buch bewusst die kurze Hack-Form gewählt. Je nach Situation kann ein anderer relevant sein.

#flexibilität

Unternehmen und Teams, die auf Digitalisierung setzen, schätzen die Flexibilität der Zusammenarbeit. Unsere Hacks zeigen neue Wege. Wir setzen auf den flexiblen Einsatz neuer und bewährter Tools und Methoden.

#vernetztheit

Die Digitalisierung hilft Menschen dabei, sich zu vernetzen und Wissen zu teilen. Wir haben eine vernetzte Form des Inhaltsverzeichnisses gewählt, weil auch unsere Hacks immer wieder neu miteinander vernetzt werden können.

#perspektivenwechsel

Wir schauen auf digitale Zusammenarbeit aus verschiedenen Perspektiven und versetzen uns in verschiedene Rollen. Dieses Buch ist für Teams, Führungskräfte, Personaler:innen und Berater:innen.

Kathrin Strehlau, Brigitte Berscheid: Online-Teamhacks

... den Aufbau dieses Buches

#wissenshunger

Unser Wissen entsteht beim Lesen, Fragen, Suchen, Finden, Ausprobieren und ja, auch beim Scheitern. Unsere Hacks werden deinen Wissenshunger nicht vollständig stillen. Nutze auch die zusätzlichen Online-Angebote!

#online

Dieses Buch entstand von der ersten Idee bis zum Finish komplett online und in MS Teams. Du findest ergänzende Impulse in der Online-Bibliothek. Den Link findest du auf Seite 262.

#vielfalt

Wir stehen ein für Vielfalt und Respekt und wählen deshalb möglichst oft geschlechtsneutrale Wörter. Wo das nicht möglich ist, wählen wir die gendergerechte Schreibweise (z.B. Leser:in).

#nähe

Wir gehören verschiedenen Generationen an und lernen voneinander. Wir arbeiten eng zusammen, egal wie weit wir voneinander entfernt sind. Als Ausdruck dieser Nähe haben wir in unserem Buch die Du-Form gewählt.

Unser Mindset basiert …

#teamspirit

Wir sind Teamplayer aus Überzeugung und haben uns in unserer Ausbildung zu Teamgestalterinnen kennengelernt. Unsere Trainingsgruppe wurde schnell zu einem Team. Vielen Dank an Teamworks 2017/18 für euren Support!

#spaß

Wir sind davon überzeugt: Mit Spaß lernt es sich leichter und arbeitet es sich besser. Wir wünschen dir viel Spaß dabei, unser Buch zu lesen, neue Methoden und Tools zu testen und herzhaft über erste, vielleicht verunglückte Versuche zu lachen!

#growth mindset

Wir glauben daran, dass digitale Zusammenarbeit gekommen ist, um zu bleiben. Wir wachsen daran und stellen uns den Herausforderungen. Wir entwickeln Ideen, testen, freuen uns, wenn es gelingt und lernen aus unseren Fehlern, wenn wir scheitern.

#vertrauen

Digitale Teams können nicht „auf Sicht" zusammenarbeiten. Vertrauen ist deshalb das Fundament für den Erfolg! Viele unserer Hacks schaffen die Basis für eine vertrauensvolle Zusammenarbeit!

Kathrin Strehlau, Brigitte Berscheid: Online-Teamhacks

... auf verschiedenen Erfahrungen

#agilität

Unser Verständnis von Agilität ist, dass Menschen auf Augenhöhe – egal, ob Teammitglied oder Führungskraft – im Rahmen sicherer Frameworks selbstorganisiert zusammenarbeiten.

#stärkenfokus

Unsere Stärken liegen im Bereich Training, Führung, (Change-)Projektmanagement und Teamentwicklung. In 06 #Pause mit Achtsamkeit hat uns Stephanie Eisner-Kraschon unterstützt. Fokusthema 10 Online-Tools stammt aus der Feder von Klaus Berscheid.

#genuss

Wir haben es genossen, dieses Buch zu schreiben und die Lösungen, die wir in der gemeinsamen Arbeit mit unseren Kund:innen erarbeitet haben, miteinander zu diskutieren und in kurze Hacks zu gießen. Wir wünschen dir auch Genuss beim Lesen & Ausprobieren.

#feedback

Wir freuen uns über wertschätzendes & konstruktives Feedback, deine Ideen und Impulse an
– Kathrin <impulse@teamelement.de>
– Brigitte <brigitte.berscheid@flecsable.de>

Die Fokusthemen

Kathrin Strehlau, Brigitte Berscheid: Online-Teamhacks

Fokusthema 01
Online-Onboarding

Teams, die es gewohnt waren, auch räumlich eng zusammen-zuarbeiten, vermissen bei der Online-Zusammenarbeit oft das Teamgefühl und die informellen Gespräche. Die zufälligen Begegnungen an der Kaffeemaschine oder auf dem Weg zur Kantine fehlen genauso wie die freundliche Begrüßung am Morgen und das Verabschieden zum Feierabend.

Schon offline ist es eine Herausforderung, die ersten Tage und Wochen im Team so zu gestalten, dass sich neue Teammitglieder abgeholt fühlen und schnell ins Team integriert werden. Was aber kann dein Team tun, um auch remote das Teamgefühl auf-rechtzuerhalten und neue Teammitglieder schnell ins Team zu integrieren und die ersten Wochen sinnvoll zu gestalten?

In diesen Hacks zeigen wir dir, wie Onboarding remote funktio-niert und die Integration ins Online-Team beschleunigt werden kann. Außerdem zeigen wir, wie auch online Team-Spirit erhalten und gefördert wird. Es geht um die folgenden Punkte:

▶ Das Kennenlernen, synchron und asynchron, fördern
▶ Die ersten Tage und Wochen im Team sinnvoll gestalten
▶ Die Teamintegration beschleunigen
▶ Das Wir-Gefühl aufbauen bzw. bewahren

01

Hack 01 #Vernetzen von neuen Teammitgliedern mit Speed-Dating

Diese Frage wird beantwortet

Arbeitet ein Team gemeinsam an einem Ort, lernen neue Teammitglieder die Kolleg:innen schnell kennen und können ihnen in den ersten Tagen und Wochen über die Schulter schauen. Natürlich wird auch online ein Willkommens-Meeting stattfinden, aber das reicht nicht aus, um das Gefühl zu entwickeln, das Team zu kennen.

Wie lernen neue Teammitglieder das Team online wirklich kennen?

Die Lösung

Am ersten Tag findet nur ein kurzes Willkommens-Meeting ohne lange (langweilige) Vorstellungsrunde statt. In der ersten Woche trifft sich das neue Teammitglied dann zu Einzel-Kennenlern-Speed-Dates mit dem Team.

Mindset

Führungskraft
Nur wer alle Teammitglieder kennt, kann sich dem Team zugehörig fühlen und fühlt sich schnell wohl. Das Kennenlernen bindet zwar Zeit für alle Teammitglieder, ist aber wichtig für ein erfolgreiches Onboarding.

Team
Im Einzelgespräch könnt ihr selbst die neue Kollegin, den neuen Kollegen sehr viel besser kennenlernen und willkommen heißen und seine bzw. ihre Stärken schnell einschätzen.

Neues Teammitglied
Sei offen und interessiert, stelle Fragen und beantworte Gegenfragen. Das Speed-Dating ist deine Chance, schnell ins Team integriert zu sein und dich wohlzufühlen.

Kathrin Strehlau, Brigitte Berscheid: Online-Teamhacks

So wird's gemacht

In den ersten Tagen lernt das neue Teammitglied täglich mindestens eine Person im kurzen Zweier-Meeting persönlich kennen – 15 Minuten genügen dabei.

Stellt euch in diesem Meeting kurz persönlich vor und beschränkt euch möglichst nicht nur auf die Daten aus eurem Lebenslauf.

Sucht bewusst nach Gemeinsamkeiten und teilt vor allem auch die Information, zu welchen Fragen ihr besonders gut Auskunft geben könnt.

Erklärt dem neuen Teammitglied eure Aufgaben und eure Rolle im Team und wo eure Aufgaben sich ggf. berühren oder überschneiden, damit es sich schnell im Team integrieren kann.

Wenn es einen permanenten Team-Chat gibt, versäumt nicht, das neue Teammitglied dazu einzuladen!

Einsatzmöglichkeiten

- Onboarding
- Ausbildung
- Job-Rotation
- Trainee-Programme

Geeignete Tools

- Meeting-/Konferenz-Tools mit Chat-Funktion

Tipp

Um euch miteinander bekannt zu machen, schaltet unbedingt die Kamera an. Ihr habt erst dann das Gefühl euch zu kennen, wenn ihr auch das Gesicht zur Stimme kennt!

Mehrwert & Beispiele
für Teams

Mehrwert & Beispiele
für Führungskräfte

- Lange Vorstellungsrunden im ersten Meeting entfallen.
- Im persönlichen Gespräch lernt ihr euch besser kennen.
- Es ist leichter, sich Personen zu merken, wenn man sie einzeln kennenlernt und nicht alle gleichzeitig im Meeting.

- Das neue Teammitglied fühlt sich schnell wohl im Team.
- Du wirst in der Einarbeitungsphase deutlich entlastet, wenn das neue Teammitglied weiß, wen es zu welchem Thema ansprechen kann.
- Natürlich gibt es auch ein Speed-Date zwischen dir und dem neuen Teammitglied, in dem du die Basis für ein vertrauensvolles Verhältnis schaffen kannst.

▶ Du bist neu in deiner Rolle als Personaler:in? Dann nutze das Speed-Dating nicht nur in deinem Team, sondern auch, um wichtige Ansprechparter:innen in den Fachbereichen kennenzulernen. So wirst du schnell bekannt und baust Vertrauen auf.

▶ Du bleibst nicht länger „die oder der aus dem Elfenbeinturm", den man nur vom Telefon her kennt.

▶ Du wirst bei einer Teamentwicklung oder einem Change-Prozess mit verschiedenen Unternehmensvertreter:innen zusammenarbeiten? Dann nutze das Speed-Dating für ein erstes Kennenlernen. Das baut Vorbehalte ab, schafft einen persönlichen Einstieg und Vertrauen.

▶ Du kannst das Speed-Dating nutzen, um bereits in diesem Rahmen Erwartungshaltungen abzufragen.

Hack 02 #Lernen mit Best Buddy

Diese Frage wird beantwortet

Der erste Tag im neuen Unternehmen! Herumgeführt werden, das Team kennenlernen, die Atmosphäre im Büro spüren. Du bist neu und hast noch nicht viel zu tun, aber du lernst von der ersten Minute an! Und remote? Laptop anschalten, und dann?

Wie kann das Online-Team diese Orientierungsphase für ein neues Teammitglied gestalten?

Die Lösung

Für die ersten Wochen im Unternehmen erhält das neue Teammitglied eine Leseliste, einen Terminplan und wird vom Best Buddy in der Einarbeitungsphase in den ersten Wochen begleitet.

Mindset

Führungskraft
Du bist verantwortlich dafür, dass neue Mitarbeitende alle Informationen erhalten, die notwendig sind, um schnell im Team anzukommen. Die ersten Wochen im Unternehmen prägen die Zusammenarbeit!

Best Buddy
Versetze dich in die Situation des neuen Mitarbeitenden. Neu im Remote-Team zu sein, fühlt sich zunächst sehr einsam an. Stelle daher viele Fragen und lass das neue Teammitglied erzählen, was es schon weiß und kennengelernt hat.

Neues Teammitglied
Sei offen und interessiert. Wenn du das Gefühl hast, dass dir Informationen zu einem Thema fehlen, frage proaktiv danach – deine Kolleg:innen und deine Führungskraft haben an vieles gedacht, aber vielleicht nicht an alles!

Kathrin Strehlau, Brigitte Berscheid: Online-Teamhacks

So wird's gemacht

Erstellt einen Einarbeitungsplan:
- Welche Dokumente sollten gelesen werden und wo sind diese abgelegt?
- Wem sollte die Kollegin/der Kollege vorgestellt werden? (intern und ggf. extern)
- Welche Projekte/Aufgaben/Ereignisse sind relevant?
- Wer ist in welchem Zeitraum Best Buddy?
- Welche Termine stehen in den ersten Wochen an?
- Wer lädt die Kollegin/den Kollegen dazu ein?

Stellt dem neuen Teammitglied diese Informationen am ersten Arbeitstag zur Verfügung.

Das neue Teammitglied und sein Best Buddy treffen sich mind. zweimal täglich im Briefing und klären Fragen. Der Best Buddy übernimmt es, das neue Teammitglied mit wichtigen Ansprechpartnern zu vernetzen.

Ihr könnt als Best Buddies auch wöchentlich rollieren – so wird die Einarbeitung auf mehrere Schultern verteilt und das neue Teammitglied noch schneller integriert. Sei als Führungskraft erreichbar!

Einsatzmöglichkeiten

- Neueinstellung
- Neuzugang im Team
- Ausbildung (Job-Rotation)
- Trainee-Programme
- Aufbau dezentraler Teams

Geeignete Tools

- To-do-Listen
- Terminkalender-App
- Aufgabenboard für die Einarbeitung
- Online-Meeting-Tool

Tipp

Langeweile in den ersten Wochen sorgt dafür, dass neue Teammitglieder sich fehl am Platz fühlen. Das kann zum Abbruch in der Probezeit führen!

Mehrwert & Beispiele
für Teams

Mehrwert & Beispiele
für Führungskräfte

- Teammitglieder integrieren sich schneller.
- Die Einarbeitungsphase ist kürzer.
- Es entwickeln sich schneller kollegiale Beziehungen.
- Das Team entwickelt ein Gefühl dafür, welche Informationen wichtig sind.
- Fragen können schnell geklärt werden.
- Die ersten Tage im Unternehmen erhalten eine Struktur.
- Euer Wissen wird dokumentiert.

- Du klärst schon vor dem Onboarding, wer für die neue Kollegin, den neuen Kollegen zuständig ist.
- Du kannst erfahrene Teammitglieder fördern, indem du ihnen die Patenschaft überträgst.
- Du kannst sicher sein, dass neue Teammitglieder schnell eingearbeitet werden.
- Das Team übernimmt Verantwortung für das Onboarding.

- Das Best-Buddy-System kann unternehmensweit als Standard eingeführt werden.
- Erfolgreiches Onboarding führt zu zufriedenen Mitarbeitenden und zu guten Bewertungen in Job-Portalen und auf Bewertungsseiten wie z.B. Kununu.
- Du stellst sicher, dass die Probezeit erfolgreich verläuft, sorgst für Bindung der Mitarbeitenden und vermeidest Folgekosten für die erneute Personalsuche.

- Hast du einen längerfristigen Beratungsauftrag, bitte darum, dass du in den ersten Tagen und Wochen feste Ansprechpartner hast, die dich unterstützen. So verstehst du schneller, wie das Unternehmen bzw. das Team „tickt".
- Du vernetzt dich gut mit den Mitarbeitenden im Unternehmen. Das schafft eine gute Vertrauensbasis und sichert deinen Auftrag.
- Du lernst das Unternehmen intensiver kennen und entwickelst bessere Lösungen.

Hack 03 #Kennenlernen mit Who's who

Diese Frage wird beantwortet

Wer viele Online-Meetings an einem Tag hat, kennt das Problem: Die Zeit ist knapp, oft haben die Einge-ladenen gleich im Anschluss das nächste Meeting. Da bleibt wenig Zeit für Vorstellungsrunden.

Wie aber sollen neue Teammitglieder dem Meeting folgen können, wenn sie nicht wissen, mit wem sie sprechen?

Die Lösung

Jedes Teammitglied stellt sich schriftlich auf einer Seite kurz vor und fügt möglichst auch ein Bild von sich bei. Neue Teammitglieder lernen so schon vor dem Meeting die Kolleg:innen kennen und wissen, wer welche Rollen und Aufgaben hat.

Mindset

Führungskraft
Du bist verantwortlich dafür, dass sich neue Mitar-beitende schnell ins Team integrieren und wissen, wer welche Aufgaben und Rollen hat.

Team
Ihr helft dem neuen Teammitglied, sich schnell im Unternehmen zurechtzufinden, indem ihr euch vor-stellt. Ihr müsst nichts preisgeben, was ihr nicht möchtet.

Neues Teammitglied
Du kannst nicht erwarten, dass die Kolleg:innen, die zeitlich eng getaktet sind, jedem Online-Meeting eine Vorstellungsrunde voranstellen. Bereite dich deshalb auf Meetings vor. Indem du die Steckbriefe liest, übernimmst du die Verantwortung dafür, dass du in Meetings weißt, mit wem du es zu tun hast.

Kathrin Strehlau, Brigitte Berscheid: Online-Teamhacks

 01-03_Steckbrief_Arbeitshilfe.docx

So wird's gemacht

Gemeinsam bespricht das Team, wie der virtuelle Steckbrief gestaltet werden soll. Es wird eine Vorlage erstellt.

Jedes Teammitglied, auch die Führungskraft, füllt selbst seinen Steckbrief aus und ergänzt bzw. aktualisiert diesen bei Bedarf.

Das neue Teammitglied weiß, wo die Steckbriefe abgelegt sind. Wird es zu einem Meeting eingeladen, informiert es sich anhand der Steckbriefe darüber, wer am Meeting teilnimmt.

Die Steckbriefe enthalten vor allem berufliche Informationen.

Es ist hilfreich, wenn der Steckbrief Hinweise darauf enthält, zu welchen Fragen neue Teammitglieder wen am besten ansprechen können.

Einsatzmöglichkeiten

- ➢ Neueinstellung
- ➢ Neuzugang im Team
- ➢ Crossfunktionale Projekt-Teams
- ➢ Ausbildung/Trainee-Programme
- ➢ Jobrotation

Geeignete Tools

- ➢ Digitales Notizbuch/Wiki
- ➢ Digitale Profilseiten
- ➢ Digitales Whiteboard
- ➢ Filesharing

Tipp

Achtet auf die Richtlinien für den Datenschutz! Stellt deshalb sicher, dass nur Teammitglieder Zugriff auf die Profile haben!

**Mehrwert & Beispiele
für Teams**

- Lange Vorstellungsrunden entfallen.
- Neue Mitarbeitende lernen das Team schnell kennen.
- Die Steckbriefe können dann gelesen werden, wenn weniger zu tun ist.
- Die Teammitglieder lernen sich besser kennen.
- Nur wer das Team kennt, fühlt sich als Teil dieses Teams.
- Ihr könnt aus dem Schreiben der Steckbriefe ein kleines Team-Event machen – prämiert z.B. den originellsten Steckbrief.

**Mehrwert & Beispiele
für Führungskräfte**

- Du kannst Vertrauen und Nähe schaffen, indem auch du dich vorstellst.
- Du lernst dein Team besser kennen.
- Du erkennst Stärken in deinem Team, die du bisher vielleicht nicht gesehen hast.

Kathrin Strehlau, Brigitte Berscheid: Online-Teamhacks

▶ Die Profile der Teammitglieder sind nur für den internen Gebrauch im Team gedacht. Sie finden keinen Zugang zur Personalakte.

▶ Definiere am besten zentral für das Unternehmen, wo die Teamprofile abgelegt werden können, damit die Compliance eingehalten wird.

▶ Achte bei einer unternehmensweiten Einführung auch auf das Mitspracherecht von Personal- oder Betriebsrat.

▶ Wenn du ein Team begleitest, in dem persönliche Teamprofile verwendet werden, bitte darum, dich selbst ebenfalls vorstellen und die Teamprofile lesen zu dürfen.

▶ Du kannst in Teamentwicklungs-Projekten das Erstellen und Teilen von Profilen methodisch gezielt einsetzen, um z.B. Rollen besser zu definieren oder das Teamgefühl zu fördern.

▶ Greife die Teamprofile bei der Erstellung eines Team-Canvas auf!

Hack 04 #Transparenz über Team-Code mit Team-Wiki

Diese Frage wird beantwortet

Jedes Team hat seine eigenen Abkürzungen, Regeln und Routinen und pflegt Teamrituale – z.B. den informellen Austausch im Freitags-Meeting oder Winken im Meeting (analog der Gebärdensprache) als Zeichen der Zustimmung. Wer den „Team-Code" kennt, ist Teil des Teams.

Wie können neue Teammitglieder dabei unterstützt werden, den Team-Code schnell zu verstehen?

Die Lösung

Das Team erstellt gemeinsam ein Team-Wiki mit einem Glossar der im Unternehmen bzw. Team üblichen Abkürzungen und Hinweisen zu Regeln, Routinen und Ritualen sowie den wichtigsten regelmäßigen Team-Events.

Mindset

Führungskraft
Dein Team hat seine ganz eigene DNA. Die Teamintegration ist einfacher, wenn neue Teammitglieder den Team-Code kennen.

Team
Erinnert euch an eure ersten Tage im Unternehmen und teilt mit dem neuen Teammitglied all das, was ihr damals gerne gewusst hättet.

Neues Teammitglied
Zeige dich lernbereit, indem du das Team-Wiki nutzt, um dich zu informieren. Indem du dich einliest, zeigst du Interesse daran, schnell als Teammitglied anerkannt zu werden. Frage nach, wenn du eine Information vermisst und ergänze das Team-Wiki entsprechend.

Kathrin Strehlau, Brigitte Berscheid: Online-Teamhacks

So wird's gemacht

Das Team sammelt Ideen, welche Informationen für neue Teammitglieder neben den beruflichen Informationen wichtig sind. Ihr könnt z.B. in einem Brainstorming sammeln, welche Informationen ihr vermisst habt, als ihr ins Team bzw. ins Unternehmen gekommen seid. Oder ihr sammelt Punkte zu „Typisch wir" oder „Das sagen andere Teams über uns".

Nachdem die Gliederung des Team-Wikis vorbereitet ist, steuert jedes Teammitglied Wissen bei. Nutzt dazu z.B. eure (virtuelle) Kaffeepause.

Die Abkürzungen im Glossar werden, wenn möglich, alphabetisch geordnet.

Bittet das neue Teammitglied, euch darauf hinzuweisen, wenn Informationen im Wiki fehlen und ergänzt diese, damit euer Wiki fortlaufend aktualisiert wird.

Einsatzmöglichkeiten

- Neueinstellung
- Neuzugang im Team
- Job-Rotation
- Ausbildung

Geeignete Tools

- Filesharing
- Digitales Notizbuch

Tipp

Ist das Wiki einmal angelegt, solltet ihr es fortlaufend ergänzen bzw. aktualisieren.

Kleine Änderungen kosten wenig Zeit und sind beim nächsten Onboarding schon verfügbar.

Mehrwert & Beispiele
für Teams

Mehrwert & Beispiele
für Führungskräfte

▶ Ihr werdet euch bewusst, wie viele Abkürzungen ihr benutzt.

▶ Ihr vermeidet Missverständnisse in Unterhaltungen.

▶ Ihr könnt das Wiki fortlaufend ergänzen.

▶ Ihr könnt selbst nachschlagen, wenn ihr z.B. nicht mehr wisst, wo ihr welche Datei findet oder ablegen sollt.

▶ Wer den Team-Code kennt, ist Teil des Teams!

▶ Du kannst selbst einen wichtigen Beitrag dazu leisten, dass neue Mitarbeitende sich schnell zurechtfinden.

▶ Neue Mitarbeitende, die den Team-Code kennen, identifizieren sich schneller mit dem Team.

▶ Dein Team dokumentiert die Regeln zur Zusammenarbeit und macht sich dabei automatisch Gedanken darüber, welche Regeln Sinn ergeben und welche nicht.

▶ Wenn du selbst neu als Führungskraft in ein Team kommst, kannst du das Erstellen des Team-Codes auch als Information für dich nutzen, um schneller das Team kennenzulernen und einen Eindruck der Kultur zu bekommen.

Mehrwert & Beispiele
für Personaler:innen

Mehrwert & Beispiele
für Berater:innen

▶ Gerade in der Personalabteilung gibt es jede Menge Prozesse, die unbedingt eingehalten werden müssen. Nutze deshalb das Wiki, um Klarheit für alle zu schaffen.

▶ Du kannst im Wiki auch Links zu wichtigen Informationen integrieren.

▶ Das Wiki sorgt dafür, dass auch in großen Personalabteilungen alle nach den gleichen Standards arbeiten.

▶ Erarbeite in der Teambegleitung gemeinsam mit dem Team ein Team-Wiki.

▶ Will sich das Team neue Regeln für die Zusammenarbeit geben, können diese sofort im Team-Wiki dokumentiert werden, sodass alle die Regeln kennen und nachlesen können und Unklarheiten geklärt werden können.

▶ Das Team könnte sich z.B. einleitend ein Teammanifest geben – also ein Teamleitbild, mit dem alle einverstanden sind und das alle leben.

Hack 05 #Pause mit virtueller Kaffeeküche

Diese Frage wird beantwortet

Räumliche Distanz fühlt sich schnell wie persönliche Distanz an. Fragt man Menschen, die im Homeoffice arbeiten, was ihnen am meisten fehlt, wird sehr oft der Plausch an der Kaffeemaschine genannt.

Wie kann man sich – ohne noch einen weiteren Termin planen zu müssen – auch online in der Kaffeeküche treffen?

Die Lösung

Das Team eröffnet einen Kanal, der ausschließlich dem informellen Austausch vorbehalten bleibt. Die Diskussion über Berufliches ist hier tabu.
Der Kanal wird sowohl für den asynchronen Chat als auch für spontane Kaffeepausen genutzt.

Mindset

Führungskraft
Die kurze Kaffeepause im Büro ist völlig normal und genauso normal ist es, dass im Homeoffice Pausen eingelegt werden. Gemeinsame Pausen fördern das Teamgefühl.

Team
Das Arbeiten im Team macht viel mehr Spaß, wenn man sich auch informell mit den Kolleg:innen austauscht. Wer sich gut kennt, tut sich leichter damit, bei Problemen um Unterstützung zu bitten.

Neues Teammitglied
Sei nicht schüchtern! Nutze die virtuelle Kaffeeküche, um die neuen Kolleg:innen anzusprechen und dich zu vernetzen.

Kathrin Strehlau, Brigitte Berscheid: Online-Teamhacks

So wird's gemacht

Legt in eurem Meeting-Tool einen Kanal an und benennt ihn nach dem Ort, an dem ihr euch vor Ort im Büro zu kurzen Pausen trefft.

Im Chat-Bereich des Kanals könnt ihr kurze Nachrichten privater Natur für die Kolleg:innen posten. Nutzt diesen Chat für kleine Teamrituale. Postet z.B. das „Katzenbild der Woche" und lasst darüber abstimmen oder teilt andere lustige Internet-Fundstücke. Ihr könnt, statt eine Ansichtskarte zu schicken, auch Urlaubsgrüße in diesem Kanal posten.

Wenn ihr eine Kaffeepause machen wollt, kündigt das kurz an und startet im Kanal ein Ad-hoc-Meeting. Wer Zeit und Lust hat, kann die Arbeit kurz unterbrechen und mit euch bei einem Kaffee plaudern. Ganz wie im Büro – die Kaffeeküche ist für jeden offen, jeder kann dem Meeting also beitreten. Man trifft sich oder man trifft sich nicht.

Einsatzmöglichkeiten

Eine virtuelle Kaffeeküche sollte in keinem Online-Team fehlen!

- Team-Events
- Informeller Austausch

Geeignete Tools

- Kanal in einer Kommunikations-Plattform (privater Kanal)

Tipp

Da in der Kaffeeküche privat geplaudert wird, muss sichergestellt werden, dass nur Teammitglieder Zutritt haben.

Mehrwert & Beispiele
für Teams

Mehrwert & Beispiele
für Führungskräfte

- Ihr könnt euch asynchron austauschen.
- Ihr habt wieder nette Gespräche in der Kaffeepause.
- Ihr fühlt euch einander wieder näher.
- Die beruflichen Chats und Kanäle bleiben frei von privaten Nachrichten.
- Wenn euer Team-Wiki im Kaffeekanal verlinkt ist, könnt ihr eure Pausen nutzen, um es zu befüllen und zu aktualisieren.
- Lasst euch Teamspiele einfallen oder wettet z.B. auf Fußballergebnisse.

- Das Team fühlt sich als Team und identifiziert sich wieder mehr mit der gemeinsamen Aufgabe.
- Wenn du selbst die Kaffeeküche nutzt, wirst du für dein Team nahbarer und baust eine bessere Vertrauensbasis auf.
- Dein Team ist besser vernetzt und bittet bei Problemen schneller um Hilfe.

Kathrin Strehlau, Brigitte Berscheid: Online-Teamhacks

Mehrwert & Beispiele
für Personaler:innen

Mehrwert & Beispiele
für Berater:innen

➤ Lade Führungskräfte oder Mitarbeitende in die virtuelle Kaffeeküche ein, das informelle Gespräch ist die Basis für ein vertrauensvolles Verhältnis.

➤ Virtuelle Kaffeeküchen sorgen für ein besseres und entspannteres Betriebsklima. Konflikte werden im privaten Gespräch schneller angesprochen und gelöst.

➤ Du punktest auch in Bewerbungsgesprächen und das Unternehmen erhält bessere Bewertungen im Bereich Betriebsklima.

➤ Nutze in Trainings und Workshops eine virtuelle Kaffeeküche, um in den Pausen mit den teilnehmenden Personen ins Gespräch zu kommen.

➤ Deine Trainings bleiben in bester Erinnerung, wenn du für den virtuellen Kaffeeplausch vor dem Training z.B. Kekse verschickst.

➤ Du kannst die virtuelle Kaffeeküche auch methodisch, z.B. für Gespräche in Kleingruppen, nutzen.

Fokusthema 02
Online-Zusammenarbeit

Natürlich benötigen Teams, die online zusammenarbeiten, Software-Tools und technische Ausstattung, um sinnvoll zusammenarbeiten zu können. Genauso wichtig sind aber verbindliche, sichere Regeln über die Nutzung der Tools und die Zusammenarbeit.

Frameworks sind die Basis für selbstorganisiertes Arbeiten. Sie stellen den verbindlichen Rahmen dar, in dem das Team sich frei organisieren kann. Regeln für die Zusammenarbeit bedeuten also keine Einschränkung, sondern sorgen für ein größeres Maß an Freiheit!

In diesen Hacks erklären wir, wie Tools kreativ genutzt werden können, welche Frameworks die Zusammenarbeit gut unterstützen und wie du mit Regeln sowohl Freiheit als auch gleichzeitig Verbindlichkeit schaffst. Wir sprechen über:

➤ Team-Boards
➤ Smart formulierte Aufgaben
➤ Geteilte Verantwortung
➤ Kommunikationskanäle
➤ Asynchrone Video-Briefings

Hack 01 #Transparenz mit Team- und Aufgaben-Board

Diese Frage wird beantwortet

Online-Teams arbeiten nicht „auf Sicht", sondern in räumlicher Distanz. Um den Überblick zu behalten, finden in vielen Teams Dailies statt, in denen die Teammitglieder teilen, an was sie gerade arbeiten.

Wie kann in Teams, in denen das nicht möglich ist (Teilzeitkräfte, Zeitzonen, Erreichbarkeit usw.), das Daily ersetzt werden?

Die Lösung

Ein kombiniertes Team- und Aufgaben-Board, das von allen Teammitgliedern eingesehen werden kann und gepflegt wird, dient zur Übersicht. Hier findet jedes Teammitglied immer alle relevanten Informationen – und auch die Führungskraft hat stets den Überblick, wo das Team gerade steht.

Mindset

Führungskraft

Deine Mitarbeitenden benötigen genug Freiraum, um ihren Arbeitstag selbst planen zu können. Verschaffe dir täglich am Team-Board den Überblick und frage nur nach, wo dies notwendig ist. So hast du dein Team im Blick, ohne dass sich die Mitarbeitenden ständig kontrolliert fühlen.

Team

Das Team und eure Führungskraft sollte wissen, an was ihr arbeitet und wie weit ihr damit vorangekommen seid. Auch ihr benötigt diesen Überblick, um z.B. Aufgaben, für die eine andere Person Vorarbeiten leisten muss, zum richtigen Zeitpunkt einplanen zu können. Die Verbindlichkeit, die ein Team-Board schafft, verschafft euch mehr Freiheit bei eurer persönlichen Aufgabenplanung.

Kathrin Strehlau, Brigitte Berscheid: Online-Teamhacks

So wird's gemacht

Ob auf einem digitalen Whiteboard, in einem geteilten Notizbuch oder in einer anderen Datei – alle Mitglieder des Teams haben Zugriff auf das Team-Board. Auf dem Board finden sich folgende Informationen:
- Wer ist im Team?
- An welchem Thema arbeitet wer?
- Wer hat welche Aufgabenbereiche?
- Wer hat welche Rollen?
- Wann findet das nächste Meeting statt?

Es wird hier außerdem ein einfaches Aufgaben-Board mit folgenden Spalten gepflegt:
To do: Welche Aufgaben stehen an? Wer erledigt sie?
Doing: Welche Aufgaben wurden von wem begonnen?
Done: Was wurde erledigt?

Das Team-Board wird regelmäßig aktualisiert. Im Aufgabenbereich verschieben die Teammitglieder selbst „ihre" Aufgaben in Doing bzw. Done, wenn sie begonnen bzw. erledigt wurden.

Einsatzmöglichkeiten

- Zusammenarbeit im Team
- Zusammenarbeit im Projekt
- Crossfunktionale Zusammenarbeit

Geeignete Tools

- Digitales Whiteboard
- Digitales Notizbuch
- Filesharing
- Aufgaben-Board

Tipp

Es wird kein Spezial-Tool benötigt, um ein Team-Board aufzubauen und zu pflegen! Wichtig ist nur, dass das ganze Team Zugang zum Board hat.

Mehrwert & Beispiele
für Teams

Mehrwert & Beispiele
für Führungskräfte

- Ihr habt Transparenz über die Teamaufgaben und die eigenen Aufgaben. Ihr wisst über aktuelle und kommende Aufgaben Bescheid.
- Ihr wisst stets, wer zu welchem Thema ansprechbar ist.
- Ihr gewinnt Freiraum für mehr Selbstorganisation.
- Ihr spart Zeit durch den Wegfall von Statusmeetings.
- Ich seid sicher, dass keine Aufgaben vergessen werden.

- Du bekommt Verbindlichkeit hinsichtlich der Erledigung von Aufgaben.
- Du sparst Meeting-Zeit durch den Wegfall synchroner Statusmeetings im Team oder 1:1.
- Du hast eine tagesaktuelle Übersicht über den Stand von Projekten.
- Du verfügst über eine valide Grundlage für Statusberichte an deine eigene Führungskraft.

Kathrin Strehlau, Brigitte Berscheid: Online-Teamhacks

▶ Du hast den Überblick und kannst dich schneller an die entsprechenden Ansprechpartner innerhalb der Personalabteilung wenden oder Personen an diese verweisen.

▶ Du siehst, wenn Kolleg:innen sich mit Themen beschäftigen, die auch für dich interessant sind und kannst leichter kooperieren.

▶ Egal, ob du allein oder in einem Beratungsteam arbeitest: Das Board hilft dir, den Überblick über die laufenden Beratungsaufträge zu behalten.

▶ Wenn du auf deinem Board Informationen über andere Berater:innen sammelst, weißt du, wen du ansprechen kannst, wenn du Unterstützung benötigst.

▶ Du hast immer den Überblick, ob und wie lange du gut ausgelastet bist.

Hack 02 #Klarheit – Aufgaben SMART formulieren

Diese Frage wird beantwortet

Teams haben ein gemeinsames Ziel. Die zu erledigenden Aufgaben werden aufgeteilt.

Wie kann sichergestellt werden, dass Teammitglieder ohne häufiges Nachfragen wissen, wie das Arbeitsergebnis sein muss, damit sie sagen können „Ich habe die Aufgabe erledigt!"?

Die Lösung

Delegiere Aufgaben, indem du sie so beschreibst, dass sich daraus genau ergibt, wann die Aufgaben vollständig erledigt sind.

Nutze hierzu die bekannte SMART-Formel.

Mindset

Führungskraft
Du kannst nur dann erwarten, dass Aufgaben vollständig erledigt sind, wenn du zuvor genau definiert hast, was du erwartest und wann die Aufgabe abgeschlossen ist.

Du vermeidest mit gut formulierten Aufgaben viele Rückfragen und Zeitverlust, weil Aufgaben falsch verstanden wurden oder zum Abgabetermin nicht vollständig erledigt sind. Das Arbeitsergebnis entspricht deinen Erwartungen.

Team
Nur wenn ihr den genauen Umfang einer Aufgabe kennt, könnt ihr die Zeit, die ihr für die Erledigung braucht, sicher einschätzen und einplanen. Übernehmt Verantwortung dafür, dass ihr Aufgaben richtig verstanden habt!

Kathrin Strehlau, Brigitte Berscheid: Online-Teamhacks

So wird's gemacht

Eine Aufgabe ist nur dann vollständig formuliert, wenn sie folgende Informationen enthält. Nutzt dafür die SMART-Formel, wie ihr sie aus der Zielformulierung kennt.

S = spezifisch	Formuliere die Aufgabe so genau wie möglich!
M = messbar	Was gehört alles zur Erledigung der Aufgabe? (Checkliste, Definition of Done)
A = akzeptiert	Warum ist es wichtig, diese Aufgabe zu erledigen.
R = realistisch	Kann die Person, die die Aufgabe übernimmt, diese auch erledigen? Hat sie ausreichend Wissen und zeitliche Ressourcen?
T = terminiert	Wann muss die Aufgabe erledigt sein? Wann kann/muss mit der Erledigung begonnen werden?

Einsatzmöglichkeiten

> Alle Arten von delegierten Aufgaben

Geeignete Tools

> Aufgabenplanung/-Board
> To-do-Listen
> Digitales Notizbuch

Tipp

Beispiel: Organisiert das nächste Meeting. Sucht einen Termin, der für alle passt, schickt eine Agenda und den Meeting-Link an alle Teilnehmenden: „Das Meeting ist wichtig, weil …" Versendet die Einladung spätestens eine Woche vor dem Meeting: „Das Meeting muss bis spätestens … stattgefunden haben."

Mehrwert & Beispiele
für Teams

- Wenn ihr eine Aufgabe übertragen bekommt, geht selbst die SMART-Formel durch. Wenn ihr zu jedem Punkt eine Antwort findet, ist die Aufgabe vollständig formuliert. Fehlt etwas, fragt nach.
- Der Umfang der euch zugewiesenen Aufgaben wird deutlich und eure Führungskraft erkennt schneller, ob ihr noch Kapazitäten frei haben könnt.
- Die Dauer der Erledigung kann realistisch eingeplant werden.
- Doppelarbeiten und Arbeiten, die sich später als unnötig erweisen, entfallen.

Mehrwert & Beispiele
für Führungskräfte

- Du bekommst das, was du erwartest, wenn du die Aufgaben sauber ausformuliert delegierst.
- Du kannst besser bewerten, ob deine Mitarbeitenden Aufgaben richtig erledigen.
- Du kannst besser entscheiden, wem du welche Aufgabe delegieren kannst.
- Du gibst deinen Mitarbeitenden Freiraum, um sich selbst zu organisieren.

Kathrin Strehlau, Brigitte Berscheid: Online-Teamhacks

- Auch bei der Vergabe von Arbeiten an externe Dienstleistende ist die SMARTe Formulierung von Anforderungen ein Garant für erfolgreiche Maßnahmen.
- Wenn Mitarbeitende Dokumente oder andere Unterlagen einreichen sollen, hilft eine genaue Beschreibung der Anforderungen, um Rückfragen zu vermeiden.

- Achte bei der Auftragsklärung auf eine SMARTe Formulierung. Dein Auftrag ist erst geklärt, wenn du zu jedem Punkt eine Antwort hast.
- Nutze die SMART-Formel zum Erstellen von Konzeptvorschlägen und beim Erstellen von Angeboten. Du kannst so besser Zeiten einschätzen und dein Angebot genauer kalkulieren.

Hack 03 #Verantwortung teilen mit dem Delegation-Board

Diese Frage wird beantwortet

Rückfragen und Freigaben binden wertvolle Arbeitszeit. Die schnelle Rückfrage „über den Schreibtisch" entfällt in digitalen Teams.

Wie kann Verantwortung angemessen verteilt werden, sodass Rückfragen entfallen und selbstorganisiertes Arbeiten möglich ist?

Die Lösung

Free your team!
Das Delegation-Board bringt die notwendige Übersicht und Sicherheit, damit jedes Teammitglied weiß, wann es selbst entscheiden kann und wann es die Entscheidung der Führungskraft einholen muss.

Mindset

Führungskraft

Wenn du jede Entscheidung selbst treffen und jede Freigabe selbst erteilen willst, machst du dich zum Flaschenhals deines Teams. Delegiere deshalb nicht nur Aufgaben, sondern auch Verantwortung für deren Erfolg, und zwar individuell je nach „Reife" deiner Mitarbeitenden.

Team

Eure Führungskraft vertraut euch und gibt euch durch das Delegation-Board die Möglichkeit, eure eigenen Kompetenzen Schritt für Schritt zu erweitern. Hinterfragt das Delegations-Level bewusst und sprecht eure Führungskraft an, wenn ihr euch mit dem übertragenen Verantwortungs-Level über- oder unterfordert fühlt.

Kathrin Strehlau, Brigitte Berscheid: Online-Teamhacks

02-03_Delegation-Board_Input.docx
02-03_Delegation-Poker_Input.docx

So wird's gemacht

Das Delegation-Board nennt sieben Abstufungen der Entscheidungskompetenz:

1 Verkünden   4 Einigen   5 Beraten
2 Verkaufen   6 Erkundigen
3 Befragen   7 Delegieren

Während auf Level 1 die Führungskraft die Entscheidung selbst trifft und diese lediglich den Mitarbeitenden mitteilt, liegt die Entscheidung auf Level 7 völlig bei den Mitarbeitenden. Auf Level 4 wird die Entscheidung gemeinsam getroffen, nachdem ein Konsens gefunden wurde.

Führungskraft und Team (oder einzelne Mitarbeitende) diskutieren und legen gemeinsam fest, welche Entscheidung bzw. Freigabe auf welchem Level delegiert wird. Das Delegation-Board wird dann für alle einsehbar visualisiert und abgelegt.

Einsatzmöglichkeiten

- ▷ Zusammenarbeit in Projekten
- ▷ Selbstorganisierte Teams
- ▷ Aufstiegsförderung von Mitarbeitenden
- ▷ Coaching von Mitarbeitenden

Geeignete Tools

- ▷ Digitales Whiteboard

Tipp

Um zu einem Konsens bezüglich des Delegations-Levels zu kommen, spielt in einem Team-Meeting „Delegation-Poker". Das Kartenspiel kann bestellt werden, oder ihr erstellt ein Delegation-Poker auf dem digitalen Whiteboard.

Mehrwert & Beispiele
für Teams

Mehrwert & Beispiele
für Führungskräfte

- Ihr könnt nur dann flexibel und eigenverantwortlich eure Aufgaben und eure Arbeitszeit managen, wenn ihr möglichst viele Entscheidungen selbst treffen könnt. Das Delegation-Board zeigt euch, welche Entscheidungen ihr selbst treffen könnt. Das gibt euch Sicherheit und Freiheit zugleich.
- Mit dem Delegation-Board und den sieben Stufen der Delegation könnt ihr euch im Dialog mit eurer Führungskraft in einem sicheren Rahmen persönlich weiterentwickeln.

- Telefonate und Meetings, in denen du Freigaben erteilst und Entscheidungen triffst, und dazu jede Menge an Reportings und Anfragen per E-Mail binden einen großen Teil deiner Arbeitszeit. Mit dem Delegation-Board weiß dein Team, wann es selbst entscheiden kann und du gewinnst dadurch wertvolle Zeit, um die Entscheidungen, die bei dir bleiben, sorgfältig zu treffen.
- Die Förderung deiner Mitarbeitenden ist ein wichtiger Teil deiner Führungsaufgabe: Das Delegation-Board zeigt dir, wie du die Kompetenzen deines Teams verantwortungsvoll entwickeln kannst.

Mehrwert & Beispiele
für Personaler:innen

Mehrwert & Beispiele
für Berater:innen

> Schlechte Führung ist einer der Hauptgründe, warum Mitarbeitende das Unternehmen verlassen. Führungskräfte, die Verantwortung delegieren, ohne dabei das Team zu überfordern, werden als gute Führungskräfte wahrgenommen.
> Verantwortungsbewusstes Delegieren, z.B. mit dem Delegation-Board, sollte Teil der Führungskräfteentwicklung sein!

> Erstelle auf Basis unserer Vorlage auf deinem digitalen Whiteboard ein Delegation-Poker-Feld.
> Bitte die Teammitglieder, Momente zu beschreiben, in denen sie in der Online-Zusammenarbeit eine Entscheidung der Führungskraft benötigen, bevor sie weiterarbeiten können.
> Das Team und die Führungskraft wählen gleichzeitig ein Delegations-Level. Sind die Level verschieden, moderiere die Diskussion, bis sich Team und Führungskraft auf ein Level geeinigt haben.

Hack 04 #Effizienz durch asynchrone Kommunikation

Diese Frage wird beantwortet

Online-Meetings sind häufig ineffizient, weil Informationen erst im Termin geteilt und deshalb nicht sofort entscheidungsreif sind. Besser ist es, Informationen bereitzustellen, bevor man darüber online spricht. Die E-Mail ist dabei nur ein Weg, asynchron und digital zu kommunizieren. Wer kommuniziert, hat die Qual der Wahl, und nicht selten führt ein falsch gewählter Kanal zu Missverständnissen. Wie aber wählt man den richtigen Kommunikationskanal und stellt sicher, dass Nachrichten beim Empfänger ankommen?

Die Lösung

Bei der Wahl des richtigen Kommunikationskanals spielen Anlass, Zeitpunkt, Empfängerkreis und Format die ausschlaggebenden Rollen. Um hier Sicherheit zu schaffen, vereinbart das Team verbindliche Regeln für die Kommunikation, die von allen eingehalten werden.

Mindset

Alle

Digitale Zusammenarbeit erfordert in der asynchronen Kommunikation einen Paradigmenwechsel: Ist es noch bei der E-Mail der Sender selbst, der den oder die Empfänger seiner Nachricht auswählt (Push-Prinzip), bestimmt nun der Zugang zum Kommunikationskanal den Empfängerkreis (Pull-Prinzip). Die Nachricht ist also nicht mehr persönlich an eine Person, sondern an die Mitglieder/Abonnenten eines Kanals gerichtet.

Sender:in

Stelle sicher, dass alle, die deine Nachricht lesen bzw. Zugriff auf eine Information haben sollten, Zugang zum gewählten Kanal haben.

Empfänger:in

Übernimm selbst Verantwortung für den Empfang von Nachrichten und Informationen.

Kathrin Strehlau, Brigitte Berscheid: Online-Teamhacks

So wird's gemacht

Das Team erstellt zunächst eine Liste der Anlässe und Themen, zu denen asynchron, also außerhalb von Online-Meetings oder Telefonaten, Nachrichten und Informationen ausgetauscht werden können. Es werden außerdem die bestehenden Kanäle aufgeführt – und wer Mitglied in welchem Kanal ist und deshalb Zugriff auf dort liegende Infos hat.

Das Team vereinbart, welcher Kanal wann genutzt wird und wo welche Information für wen abgelegt wird.

Alle Teammitglieder checken regelmäßig die Kanäle, die für ihre Themen relevant sind oder abonnieren diese. Soll eine Person direkt in einer Nachricht in einem für das ganze Team zugänglichen Kanal angesprochen werden, wird hierfür die @Name-Funktion genutzt.
Die Regeln werden dokumentiert und für alle einsehbar gemacht, z.B. in einem Team- und Aufgaben-Board (#2-1).

Einsatzmöglichkeiten

> Jedes Team oder Sub-Team

Geeignete Tools

> Digitales Whiteboard
> Digitales Notizbuch
> Messenger-Dienst
> Gemeinsame Dateiablage

Tipp

Weniger ist mehr! Achtet darauf, dass ihr möglichst wenig unterschiedliche Kommunikationsplattformen nutzt.

Dateien werden nicht mehr versendet, sondern verlinkt bzw. geteilt. Innerhalb eures Teams schreibt ihr keine E-Mails mehr, sondern nutzt euren internen Messenger-Kanal.

Mehrwert & Beispiele
für Teams

Mehrwert & Beispiele
für Führungskräfte

➤ Wenn ihr den richtigen Kommunikationskanal gewählt habt, könnt ihr sicher sein, dass alle auf die Nachrichten Zugriff haben, für die eure Nachricht relevant ist.

➤ Durch asynchrone Kommunikation könnt ihr viele Online-Meetings vermeiden und gewinnt dadurch Zeit, um eure eigentlichen Aufgaben zu erledigen.

➤ Nicht jede Information ist zu dem Zeitpunkt für euch relevant, wenn sie versendet wird. In Zukunft holt ihr euch die Information dann, wenn ihr sie benötigt (Pull-Prinzip).

➤ Über den asynchronen Kommunikationskanal bist du für dein Team erreichbar, d.h., dein Team kann Fragen und Informationen an dich adressieren und du liest und beantwortest diese, wenn du Zeit dafür hast.

➤ Dein Postfach wird deutlich leerer, wenn du weniger CC-E-Mails erhältst.

➤ Du kannst dich vor Online-Meetings zu einem Thema im Kanal „einlesen" und dir einen Überblick über die gerade relevanten Fragen verschaffen.

- Du kannst Informationen, aushängepflichtige Gesetze usw. zentral ablegen und allen Mitarbeitenden zugänglich machen.
- Informationen, die für die ganze Personalabteilung wichtig sind, werden in einem Kanal veröffentlicht und dann gelesen, wenn sie benötigt werden.

- Über die asynchrone Kommunikation kannst du Meetings vor- und nachbereiten.
- Deine Kund:innen sprechen dich gezielt zu relevanten Fragen an, sodass du ihnen entsprechende Angebote machen kannst.
- Du bist „gefühlt" für deine Kund:innen auch dann erreichbar, wenn du gerade in einem Termin bist und kannst Anfragen schnell und unkompliziert in den Pausen beantworten.
- Chatten fühlt sich informeller an und es entsteht schneller ein Gefühl der Vertrautheit. Das fördert die Kundenbindung.

Hack 05 #Erreichbarkeit mit Videoclip-Briefing

Diese Frage wird beantwortet

Nicht immer können alle Teammitglieder bei jedem Meeting anwesend sein.

Wie können Informationen asynchron verteilt und wie kann sichergestellt werden, dass alle Teammitglieder auch komplexe Sachverhalte vollständig verstehen, auch wenn sie bei einem Meeting nicht anwesend waren?

Die Lösung

Technische oder umfangreiche Infos werden den Mitarbeitenden asynchron, am besten per Video-Briefing, bereitgestellt: Das Meeting findet online statt, wird parallel aufgezeichnet und danach zur Verfügung gestellt.

Mindset

Organisator
Mach dich frei davon, immer alle gleichzeitig abholen zu wollen. „Lieber einen Teil persönlich und schnell als alle gleichzeitig", Schnelligkeit vor Termindschungel!

Teilnehmende
Welche Fragen könnten Kolleg:innen haben, die gerade nicht dabei sind?

Abwesende
Freu dich darüber, dass du, auch wenn du nicht dabei sein kannst, trotzdem die Infos bekommst. Entspann dich! Du musst nicht überall dabei sein, vertraue auf die anderen.

Kathrin Strehlau, Brigitte Berscheid: Online-Teamhacks

So wird's gemacht

Erstelle ein Online-Meeting in deinem Video-Conferencing-Tool.

Wenn andere Personen am Meeting teilnehmen: Zeichne das Meeting auf.

Wenn niemand am Meeting teilnehmen kann:
Melde dich mit zwei Geräten (z.B. Laptop und Smartphone) über den Anmelde-Link an, starte die Meeting-Aufzeichnung und teile den Bildschirm. Nun klickst du z.B. Schritt für Schritt durch eine Software oder zeigst eine Präsentation und erklärst dazu alles Notwendige. Wenn du gerade nichts zeigen musst, zeichne dein Kamerabild auf und sprich die Zuschauer direkt an.

Du erhältst so ein Erklärvideo, das du dem Team per Filesharing zur Verfügung stellen kannst.

Einsatzmöglichkeiten

> Information des gesamten Teams
> Mitarbeiter-Onboarding
> Vorstellungsvideos
> Team-Wikis
> Archivierung von Wissen

Geeignete Tools

> Video-Conferencing-Tools, in denen Bildschirme geteilt und Meetings aufgezeichnet werden können
> Tool für Filesharing

Tipp

Wenn andere im Meeting live dabei sind, beachtet **bitte den Datenschutz** und holt euch zuvor die Zustimmung zur Aufzeichnung ein!

Mehrwert & Beispiele
für Teams

Mehrwert & Beispiele
für Führungskräfte

➤ Dokumentiert eure Projektbesprechungen.
➤ Erstellt ein Video-Briefing für das Onboarding von Kolleg:innen (z.B. Einarbeitung in Tools).
➤ Versendet Übergabe-Aufgaben an Kolleg:innen per Video-Briefing (z.B. für die Urlaubsvertretung).
➤ Führt Dailies in internationalen Teams asynchron durch und zeichnet sie auf.
➤ Teilt euer Wissen per Video, anstatt langwierig Anleitungen zu schreiben.
➤ Eine Aufzeichnung kann das Meeting-Protokoll ersetzen.

➤ Erstelle ein wöchentliches/monatliches Video-Briefing mit allgemeinen Infos für das Team.
➤ Nutze Videos für kollegiale Beratungsthemen: Zwei Führungskräfte tauschen sich zu Vorgehensweisen aus, die sich andere Führungskräfte ansehen können.
➤ Warte nicht bis zum nächsten Team-Meeting, um dein Team zu motivieren oder zu loben: Erstelle zwischen zwei Terminen eine kurze Video-Botschaft und teile diese im Messenger-Kanal deines Teams.

Mehrwert & Beispiele
für Personaler:innen

Mehrwert & Beispiele
für Berater:innen

▶ Nutze Video-Briefings für die Beschreibung von neuen Programmen, Tools oder Trainings

▶ Halte neue Prozesse und Vorgehensweisen im Video fest und teile diese mit der gesamten Personalabteilung.

▶ Schicke kurze Video-Briefings als Vorbereitung für ein anschließendes Training oder einen Workshop.

▶ Bei größeren Entwicklungs- oder Change-Projekten, die zu Beginn erklärungsbedürftig sind, erstelle ein Video und teile dieses mit den Teilnehmenden.

▶ Zeichne Online-Info-Veranstaltungen bzw. Webinare zu deinem Produktportfolio auf und poste sie auf deiner Homepage oder in den Social-Media-Kanälen.

▶ Zeichne Trainings auf und vermarkte sie als E-Learning.

Kathrin Strehlau, Brigitte Berscheid: Online-Teamhacks

Online-Meetings

Meetings gehören zur Zusammenarbeit.

Ein Online-Meeting ist schnell angesetzt, die Organisation beschränkt sich zunächst auf das Versenden des Links zur gewählten Video-Plattform.

Fragst du aber Menschen in Online-Teams zu ihrer Meinung zu Online-Meetings, hörst du: zu viele, schlecht vorbereitet, ineffizient, langweilig, häufig ergebnislos.
Meetings binden Arbeitszeit – sie sollten daher sparsam und effizient eingesetzt werden.

In den folgenden Hacks zeigen wir, wie das Online-Meeting ein Booster für die Zusammenarbeit wird. Im Einzelnen geht es dabei um eine Effizienzsteigerung der folgenden Aufgaben:

- Planung
- Vorbereitung
- Durchführung
- Nachbereitung
- Und um Methoden für die Aktivierung der Teilnehmenden

03

Hack 01 #Planung mit Ergebnisfokus

? Diese Frage wird beantwortet

Und wieder ein Online-Meeting! Schaut man in die Kalender von Online-Teams, sieht man schnell: Hier wird viel Zeit in Meetings verbracht! Ob das Online-Meeting immer das richtige Kommunikationsformat ist, wird selten hinterfragt.

Wie plant man Online-Meetings, die zielsicher zum gewünschten Ergebnis führen?

Die Lösung

Plane nicht ein Online-Meeting, sondern plane das Ergebnis, das du erzielen möchtest. Wenn du dir hierüber im Klaren bist, kannst du viele Entscheidungen in Bezug auf die Organisation des Meetings besser treffen.

Mindset

Alle

Ein Meeting ist nicht immer die beste Art, zusammenzuarbeiten. Ziel jedes Online-Meetings muss ein Ergebnis sein. Das Erreichen des Meeting-Ziels steht im Fokus der Planung. Ist das Ziel, ein Projekt zu planen, muss im Termin geplant werden. Wollt ihr das Teamgefühl stärken, steht u.U. der informelle Austausch im Fokus eures Meetings.

Organisator

Mit einem Meeting bindest du Arbeitszeit. Sorge deshalb dafür, dass die Meeting-Zeit gut investiert für alle ist! Plane deshalb zunächst sorgfältig. Stellst du fest, dass ein Ergebnis auch asynchron erzielt werden kann, wähle diesen Weg, um weniger Zeit zu binden.

Kathrin Strehlau, Brigitte Berscheid: Online-Teamhacks

So wird's gemacht

Bevor du die Entscheidung triffst, zu einem Online-Meeting einzuladen, stelle dir diese Fragen:

- Was soll erreicht werden, welches Ergebnis soll erzielt werden (z.B. Sammeln von Infos, Projektplan, Ideensammlung usw.). Wie genau sieht das Ergebnis aus (z.B. allgemeine Aufgabenliste oder zugewiesene Aufgaben mit Deadlines)?
- Kann das Ergebnis nur synchron in einem Meeting erreicht werden? Wenn ja: Ist das Online-Meeting das richtige Format?

Wenn ja:

- Wähle einen Titel, der auf das gewünschte Ergebnis hinweist (z.B. Ablaufplanung Projekt XY).
- Erstelle eine Liste der Personen, die einen Beitrag zum Ergebnis leisten könnten.
- Wie viel Zeit wird benötigt, um das Ergebnis zu erzielen? Genügt ein Termin?
- Plane genug Zeit zur Vorbereitung des Termins ein.

Einsatzmöglichkeiten

- Crossfunktionale Meetings
- Planungsmeetings
- Kick-offs
- Strategiemeetings

Geeignete Tools

- Digitales Notizbuch

Tipp

Unterbrecht aktiv den Automatismus, Meetings anzusetzen und hinterfragt kritisch, ob ein Ergebnis nicht auch asynchron erzielt werden kann.

Wenn z.B. eine Entscheidung wichtig, aber nicht dringend ist, ist die schriftliche Abstimmung evtl. das bessere Format.

Mehrwert & Beispiele
für Teams

- Wenn die Planung eines Meetings nicht mit dem Finden eines passenden Termins, sondern mit der Frage startet, ob überhaupt ein Online-Meeting notwendig ist, werden automatisch weniger Online-Meetings den Weg in euren Kalender finden.
- Wenn ihr euch sicher seid, welches konkrete Ergebnis ein Meeting bringen soll, könnt ihr im nächsten Schritt euer Meeting auch sinnvoll vorbereiten.
- Nutzt am besten eine Checklisten-Vorlage, z.B. in eurem geteilten Notizbuch.

Mehrwert & Beispiele
für Führungskräfte

- Du wirst nur noch dann zu einem Meeting eingeladen, wenn deine Anwesenheit zum Ergebnis des Termins etwas beiträgt.
- Du wirst deshalb automatisch weniger Online-Meeting-Termine wahrnehmen müssen und kannst dich auf andere Dinge konzentrieren.
- Informationen können häufig auch schriftlich weitergegeben werden. Entscheide dich häufiger für die Schriftform, und du bindest weniger produktive Zeit deines Teams.

Mehrwert & Beispiele
für Personaler:innen

Mehrwert & Beispiele
für Berater:innen

▶ Entscheide dich häufiger gegen Online-Meetings und für den asynchronen Austausch: Die asynchrone Zusammenarbeit erfolgt häufig schriftlich. Entscheidungswege sind dann leicht nachzuvollziehen.

▶ Online-Meetings, um Informationen zu teilen, sind verschwendete Zeit: Nutze lieber Video-Briefings oder das asynchrone Teilen von schriftlichen Informationen und erspart den Mitarbeitenden langweilige Info-Meetings.

▶ Online-Meetings, um sich kennenzulernen, sind für die Vertrauensbildung am Anfang der Zusammenarbeit wichtig. Hier ist dieses Format sicherlich angebracht.

▶ Gib Informationen und Konzepte zunächst schriftlich an deine Kund:innen weiter. Ein Online-Meeting ist dann nur noch notwendig, wenn Fragen zu klären sind – und auf jeden Fall kürzer.

Hack 02 #Vorbereitung mit Infos

Diese Frage wird beantwortet

Nach der Entscheidung für ein Online-Meeting als das richtige Kommunikationsformat beginnt die eigentliche Vorbereitung des Meetings.

Wie kann mit einer gezielten Vorbereitung der Erfolg eines Meetings gesichert werden und wie dokumentiert man die Vorbereitung sinnvoll?

Die Lösung

Eine gute Vorbereitung beginnt mit der Erstellung der ausführlichen Agenda und hört bei der Einladung zum Meeting nicht auf. Vorlagen, Checklisten und das Sammeln der für das Meeting relevanten Informationen in einem digitalen Notizbuch standardisieren und beschleunigen die Vorbereitung.

Mindset

Organisator:in
Nicht die Eingeladenen verantworten den Erfolg des Meetings, sondern du! Bereite deshalb rechtzeitig vor dem Meeting alles vor, um „dein" Online-Meeting zu einem bereichernden Erlebnis für alle Beteiligten zu machen. Frage dich, was die Eingeladenen schon im Vorfeld des Meetings tun können, um den Erfolg zu sichern und beteilige sie an der Vorbereitung.

Teilnehmende/Eingeladene
Du definierst dich nicht über die Anzahl deiner Online-Meetings. Frage nach oder lehne höflich eine Einladung ab, wenn du nicht siehst, was du zum Erfolg des Meetings beisteuern kannst. Über ein Ergebnis kannst du dich auch im Nachhinein informieren. Nimmst du die Einladung zu einem Meeting an, übernehme Verantwortung dafür, dass du alle Informationen hast, um einen sinnvollen Beitrag zum Erfolg des Meetings leisten zu können.

Kathrin Strehlau, Brigitte Berscheid: Online-Teamhacks

03-01/02_Online-Meeting_Arbeitshilfe.docx

So wird's gemacht

Erstelle eine ausführliche Agenda, die du schon mit der ersten Einladung teilst. Die Agenda enthält
- die Liste der teilnehmenden Personen, aus der sich die Rolle/Aufgabe im Online-Meeting ergibt,
- die Topics,
- die geplante Zeit für jeden Punkt der Agenda.

Nutze die Teilnehmerliste für eine asynchrone Vorstellung und verlinke z.B. die LinkedIn-Profile oder unternehmensinterne Profile mit den Namen.

Lade Personen, die im Meeting keine Rolle/Aufgabe haben, nicht ein oder weise in der Einladung darauf hin, dass ihre Teilnahme optional ist.

Sammle bzw. aktualisiere und teile alle Infos bzw. Daten, die für das Meeting-Ergebnis wichtig sind rechtzeitig vor dem Termin. Evtl. erübrigt sich die Teilnahme am Termin für einige Personen, wenn sie die Infos vorab asynchron beisteuern können.

Bereite anhand der Agenda das Protokoll so vor, dass du die Ergebnisse einfach dokumentieren kannst.

Einsatzmöglichkeiten

- Meetings, in denen auf Basis von Daten und Informationen Entscheidungen getroffen werden sollen
- Planungsmeetings
- Statusmeetings

Geeignete Tools

- Video-Conferencing-Tool
- Filesharing-Tool
- Digitales Notizbuch

Tipp

Weniger ist im Online-Meeting mehr: weniger Teilnehmende, weniger Topics, weniger Zeit: Die Konzentration lässt im Meeting nach 45-60 Minuten stark nach. Plane ausreichend Pausen ein!

Mehrwert & Beispiele
für Teams

Mehrwert & Beispiele
für Führungskräfte

- Bereitet ihr eure Meetings detailliert vor, spart ihr auf jeden Fall Meeting-Zeit.
- Ihr werdet im Meeting nicht durch Fragen nach Informationen „überrascht" und macht daher auch persönlich einen guten Eindruck.
- Eure Führungskraft nimmt eure Meeting-Einladungen gerne an, wenn sie weiß, dass das Meeting einen echten Mehrwert bringt und die Zeit gut investiert ist.

- Häufig wirst du zu Meetings aus Höflichkeit deshalb eingeladen, weil du eben die Führungskraft bist und man dich informieren will. Gib deinem Team die Freiheit, dich nicht zum Meeting einzuladen und erledige in der Zeit andere Dinge.
- Dadurch, dass du Informationen schon vor dem Meeting aufbereitest und mit deinem Team teilst, musst du im Termin nur offene Fragen klären und bindest weniger Arbeitszeit.

Kathrin Strehlau, Brigitte Berscheid: Online-Teamhacks

> Komplexe Informationen sollten vor dem Meeting immer schriftlich geteilt werden, um lange Diskussionen zu vermeiden.
> Abstimmungen mit dem Betriebsrat gehen schneller, wenn der Betriebsrat im Vorfeld ausführliche Informationen hat, die bereits vor dem Meeting gelesen und diskutiert werden können.

> Deine Kund:innen werden dankbar dafür sein, wenn du stets gut vorbereitet Meetings leitest oder an Meetings teilnimmst.
> Gut vorbereitet und mit aktuellen Informationen zum Stand deiner Beauftragung kannst du die Fragen deiner Auftraggeber sicher und professionell beantworten.

Hack 03 #Moderation mit dynamischem Prozess

Diese Frage wird beantwortet

Lange Vorstellungsrunden, viele hören nur zu, wenige reden, Meinungen müssen umständlich abgefragt werden.

Wie gibst du deinem Meeting einen Rahmen, der zeitsparend und effizient ist und dafür sorgt, dass alle Teilnehmenden fokussiert bleiben?

Die Lösung

Zu Beginn des Meetings erklärst du drei Rahmenmethoden für dein Meeting: Eine knackige Vorstellungsrunde, Gebärdensprache während des Meetings und ein sinnvolles Review zum Abschluss – so bleibt dein Meeting garantiert in bester Erinnerung!

Mindset

Organisator:in
Es ist an dir, im Meeting das Interesse und die Aufmerksamkeit der Teilnehmenden zu aktivieren und am Leben zu erhalten. Mache dir vor dem Meeting Gedanken darüber, wie das gelingen kann.

Teilnehmende
Du wurdest eingeladen, weil du aktiv zum Erfolg des Meetings beitragen kannst. Sei offen für neue Methoden und mache auch Vorschläge, um das Meeting-Erlebnis für alle zu verbessern.

Führungskraft
Sei im Termin weder Alleinunterhalter noch stiller Zuhörer, sondern beteilige dich wie alle anderen am Erfolg des Online-Meetings.

Kathrin Strehlau, Brigitte Berscheid: Online-Teamhacks

So wird's gemacht

Vorstellungsrunde
In der Begrüßung wird das Meeting-Ziel kurz umrissen. Die Teilnehmenden stellen sich danach mit max. 1 Minute Redezeit wie folgt vor:
- Bei Bedarf: Mein Name ist …
- Ich bin heute im Online-Meeting, um …
- Meine Zeit für dieses Meeting ist gut investiert, wenn …

Aktiv zuhören im Online-Meeting
Die Teilnehmenden zeigen ihre Zustimmung zu einem Wortbeitrag, indem sie mit den erhobenen Händen „wedeln" (aus der Gebärdensprache). Die sprechende Person erhält so sofort Feedback und langweilige Zustimmungsabfragen entfallen.

Abschlussrunde
Die Teilnehmenden geben in max. 1 Minute Feedback zum Meeting, indem sie alle diese Sätze vervollständigen:
- Ich konnte mein Meeting-Ziel (nicht) erreichen, weil …
- Für mich war besonders interessant/wichtig, …
- Nach diesem Meeting kann/werde ich … tun.

Einsatzmöglichkeiten
- Große Meeting-Runden
- Kick-off-Meeting
- Projektmeetings
- Online-Trainings
- Workshops

Geeignete Tools
- Kamera an im Online-Meeting!
- Meeting-Timer

Tipp

Achtet bei Vorstellung und Abschluss unbedingt auf die Einhaltung der Redezeit von einer Minute.

Viele Teilnehmende werden direkt von eurem Meeting in das nächste Meeting wechseln, beginnt deshalb rechtzeitig mit der Abschlussrunde (1 Minute/Person zzgl. 5 Minuten für eure Zusammenfassung).

Mehrwert & Beispiele
für Teams

Mehrwert & Beispiele
für Führungskräfte

- Wenn ihr die Erwartungen der Teilnehmenden an das Meeting kennt, könnt ihr aktiv darauf hinwirken, dass diese erfüllt werden.
- Ihr reflektiert durch diese Art der Vorstellung und der Abschlussrunde auch selbst eure Motive für die Teilnahme am Meeting und schärft euren Blick dafür, an welchem Meeting ihr wirklich teilnehmen wollt.
- Gebärden im Meeting helfen gegen Langeweile und Müdigkeit – ihr bleibt aktiv, auch wenn ihr gerade nichts sagt. Ihr erkennt auch schnell, welche Teilnehmenden eurer Meinung sind und welche nicht.

- Wenn du in der Vorstellungsrunde feststellst, dass du eigentlich keinen Beitrag zum Ergebnis leisten kannst und du auch keinen anderen Grund findest, warum deine Zeit gut investiert ist, nutze die Vorstellungsrunde dazu, für die Einladung zu danken, den Teilnehmenden ein gutes Meeting zu wünschen und dich danach freundlich mit dem Hinweis zu verabschieden, dass du dich im Nachhinein über die Ergebnisse informieren wirst.

Mehrwert & Beispiele
für Personaler:innen

Mehrwert & Beispiele
für Berater:innen

▶ Wenn du viele Online-Meetings mit Personen außerhalb deines Teams, mit neuen Dienstleistenden außerhalb deines Unternehmens oder Bewerber:innen hast, kennst du langatmige Vorstellungsrunden. Nutze den knackigen Check-in und signalisiere deutlich, auf was es dir im Termin wirklich ankommt.

▶ Gerade bei Interviews ist es wichtig, auch die Erwartungen der Kandidat:innen zu kennen. Wird erwartet, etwas vom Unternehmen und über die ausgeschriebene Stelle zu erfahren oder soll das Aufzeigen der eigenen Stärken im Vordergrund stehen? Die Fokussierung sagt einiges über den Bewerber, die Bewerberin aus.

▶ Online-Trainings und Workshops sind häufig kürzer als Präsenztrainings. Die Vorstellungsrunde und das Retro zum Abschluss müssen deshalb ebenfalls sehr viel kürzer sein.

▶ In der Erwartungsabfrage zu Beginn des Meetings sammelst du bereits Fragen und Erwartungen, die du in deinem Training/im Workshop thematisieren kannst.

Hack 04 #Moderation mit aktivierenden Tools

Diese Frage wird beantwortet

Es ist nicht einfach, im Online-Meeting die Aufmerksamkeit aller Teilnehmenden von Anfang bis zum Ende zu halten. Oft sagen wenige viel und viele hören nur zu oder haben sogar die Kamera ausgeschaltet und lesen parallel E-Mails.

Wie können Online-Meetings so gestaltet werden, dass sie kurzweilig und zielführend sind?

Die Lösung

Entlang der Agenda wird ein Regieplan erstellt und ein digitales Whiteboard vorbereitet. Es wird hierbei darauf geachtet, möglichst abwechslungsreiche Meetings zu gestalten und immer wieder alle Teilnehmenden zur aktiven Mitarbeit anzuregen.

Mindset

Organisator:in
Du möchtest ein bestimmtes Meeting-Ergebnis erreichen. Plane schon vor dem Meeting, wie du vorgehst. Erweitere immer wieder dein persönliches Portfolio an Meeting-Methoden und sorge so dafür, dass deine Meetings immer ein Erlebnis für alle Teilnehmenden sind.

Teilnehmende
Plant nicht, während eines Meetings andere Aufgaben „nebenher" zu erledigen. Ihr könnt durch eure aktive Anteilnahme am Meeting zum Erfolg beitragen und das Meeting abkürzen.

Führungskraft
Wenn du dich für die Teilnahme entscheidest, bringe dich ergebnisorientiert ein. Beanspruche nicht unnötig viel Redezeit für dich und halte dich an vorgegebene Zeitslots.

Kathrin Strehlau, Brigitte Berscheid: Online-Teamhacks

03-04_Regieplan_Arbeitshilfe.docx

So wird's gemacht

Wähle für jeden Agenda-Punkt eine Methode, die möglichst viele Teilnehmende dazu anregt, sich aktiv einzubringen. Frage dich also: Was tun wir, um das Ziel des Meetings zu erreichen? Warum tun wir es und warum so? Wer macht was wie lange?

Ein digitales Whiteboard ermöglicht es dir, interaktiv mit allen Teilnehmenden gleichzeitig zu arbeiten. Bereite das Whiteboard so vor, dass du im Meeting nur noch erklären musst, welche Beteiligung du erwartest.
Setze Timer, um zu verhindern, dass Redezeiten überschritten werden oder Brainstorming-Sessions nicht enden.

Das digitale Whiteboard lässt sich leicht in ein PDF umwandeln. Die Meeting-Ergebnisse sind dokumentiert und werden im Anschluss an das Online-Meeting geteilt.

Einsatzmöglichkeiten

- Ideen sammeln
- Lösungen finden
- Meinungen abfragen
- Abstimmungen
- Verdichten und priorisieren

Geeignete Tools

- Video-Conferencing-Tool
- Digitales Whiteboard oder
- Geteilte PowerPoint-Präsentation

Tipp

Euch fehlen Ideen, wie ihr im Online-Meeting das digitale Whiteboard nutzen könnt? Viele Tools haben Template-Bibliotheken, in denen ihr nützliche Meeting-Vorlagen findet, die ihr für euer Online-Meeting schnell anpassen könnt!

Mehrwert & Beispiele
für Teams

Mehrwert & Beispiele
für Führungskräfte

- Der Regieplan ist euer roter Faden für das Meeting.
- Am digitalen Whiteboard spielt es keine Rolle, ob ihr gerne vor anderen sprecht oder dass andere vielleicht die gleichen Ideen wie ihr haben.
- Ergebnisse, die ihr am Whiteboard erarbeitet habt, sind auch dokumentiert.
- Die Arbeit am digitalen Whiteboard ist nicht nur effizient, sie macht auch Spaß und das gleichzeitige Aufschreiben von Ideen spart viel Zeit.

- Durch den Einsatz des digitalen Whiteboards im Online-Meeting stellst du sicher, dass auch die Teammitglieder sich äußern, die sich mit Wortbeiträgen im Online-Meeting zurückhalten. So nutzt du die Kreativität und das Wissen des gesamten Teams.
- Das digitale Whiteboard kann auch als Aufgaben-Board im Regelmeeting mit deinem Team genutzt werden. So behältst du den Überblick über die Aufgaben und die Auslastung deines Teams.

Mehrwert & Beispiele für Personaler:innen

▶ Nutze das digitale Whiteboard, um z.B. Personalplanung, Urlaubsplanung o. Ä. durchzuführen und zu visualisieren.

▶ Wenn du für Trainings ein digitales Whiteboard zur Verfügung stellst, können auch Kommunikationstrainings oder Teambuilding-Maßnahmen online durchgeführt werden.

▶ Trainings könnten auf mehrere kurze Sessions aufgeteilt werden und sind leichter in den Arbeitstag einzuplanen.

▶ Fotoprotokolle von Trainings gehören der Vergangenheit an: Sichere das Board als Datei oder Bild und teile es nach dem Training mit den Teilnehmenden.

Mehrwert & Beispiele für Berater:innen

▶ In deinen Workshops und Trainings kommt es nicht nur auf den fachlich richtigen Input, sondern auch auf die Darbietung an.

▶ Nutze das digitale Whiteboard z.B. für Vorstellungsrunden, Brainstormings und Priorisierung.

▶ Bereite deine Boards vor und speichere sie als Template ab. So kannst du das gleiche Board immer wieder verwenden und sparst Vorbereitungszeit.

Hack 05 #Transparenz mit Ergebnisfokus

Diese Frage wird beantwortet

Die Ergebnisse der Online-Meetings sind wichtig für das ganze Team. Dennoch können nur in Ausnahmefällen alle Teammitglieder am gleichen Meeting teilnehmen. Wie stellst du sicher, dass die Ergebnisse der Meetings nachhaltig und erfolgreich verwendet werden? Und wie informierst du die Mitglieder deines Teams, die nicht am Meeting teilgenommen haben, über die erzielten Ergebnisse?

Die Lösung

Im geteilten Online-Notizbuch werden die Protokolle aller Online-Meetings gesammelt und wichtige Dateien verlinkt.

Im Weekly gibt sich das Team Updates zu den Meetings der Woche und plant, wer in der kommenden Woche welches Meeting wahrnimmt.

Mindset

Organisator
Es ist deine Aufgabe, die Ergebnisse des Online-Meetings schnell mit allen zu teilen, für die das Ergebnis des Meetings relevant ist. Das Online-Meeting ist erst mit dem Teilen des Ergebnisses abgeschlossen.

Teilnehmende
Wenn ihr an einem Online-Meeting teilgenommen habt, bittet um das Protokoll, damit ihr es mit eurem Team teilen könnt. Ihr könnt auch im Meeting bereits Notizen in das Team-Notizbuch schreiben.

Nicht-Teilnehmende
Ihr könnt nicht an jedem Meeting teilnehmen. Dennoch ist das Ergebnis für euch relevant, wenn dadurch eure Teamziele erreicht werden. Lest vor dem wöchentlichen Meeting-Update deshalb die Protokolle der Woche durch und stellt im Weekly gezielt Fragen.

Kathrin Strehlau, Brigitte Berscheid: Online-Teamhacks

So wird's gemacht

Nutze möglichst die Agenda, um das Protokoll im Notizbuch vorzubereiten und setze Platzhalter, in die im Termin Entscheidungen oder Aufgaben eingetragen werden. Bitte eine andere Person, das Protokoll zu führen, wenn du eine aktive Rolle im Meeting hast. Überlege dir, was du neben dem Protokoll außerdem noch teilen kannst (Präsentation, Informationen, Screenshots, Whiteboard etc.). Im wöchentlichen Meeting-Update (Weekly) informierst du andere Teammitglieder über die wichtigsten Meeting-Ergebnisse, nicht über den Weg dorthin.

Fasse dabei in wenigen Sätzen zusammen: „Ich habe an dem Meeting ... teilgenommen. Das Ergebnis des Meetings war ... Nach dem Meeting geht es nun so ... weiter."

So sind alle Teammitglieder informiert, ohne an jedem Meeting persönlich teilnehmen zu müssen.

Einsatzmöglichkeiten

➤ Jedes Meeting

Geeignete Tools

➤ Video-Conferencing-Tool
➤ Digitales Notizbuch (z.B. OneNote, Evernote)
➤ Gemeinsame Dateiablage

Tipp

Auch Online-Meetings sind Teamarbeit: Nutzt das Weekly-Meeting-Update unbedingt, um zu besprechen, wer an welchem Meeting in der Folgewoche teilnimmt, wenn mehrere aus eurem Team zum gleichen Online-Meeting eingeladen wurden.

Ihr spart dadurch noch einmal Zeit, die ihr besser in die Erledigung von Aufgaben investiert.

 Mehrwert & Beispiele
für Teams

 Mehrwert & Beispiele
für Führungskräfte

> Die Meeting-Zeit wird für alle Teammitglieder deutlich reduziert, wenn ihr nur noch an den Meetings teilnehmt, an denen ihr auch aktiv beteiligt seid.

> Schon beim Protokollieren des Online-Meetings werdet ihr euch automatisch auf das Wesentliche konzentrieren.

> Auch wenn ihr ein weiteres Online-Meeting habt, in dem ihr euch zu den Meetings der Woche Informationen gebt: Ihr spart am Ende viel Meeting-Zeit ein.

> Das Weekly-Meeting-Update ist für dich als Führungskraft der beste Weg, über alle wichtigen Meetings informiert zu sein, ohne an jedem Meeting teilzunehmen.

> Du musst nicht jedes Protokoll lesen, wenn deine Teammitglieder das Wichtigste für dich mündlich zusammenfassen und kannst direkt nachfragen, wenn du mehr Informationen benötigst.

> Deine Teammitglieder werden das Vertrauen, das du ihnen entgegenbringst, zu schätzen wissen. Nutze das Delegation-Board (#2-3) um zu entscheiden, wer im Meeting an deiner Stelle Entscheidungen treffen kann.

Mehrwert & Beispiele
für Personaler:innen

Mehrwert & Beispiele
für Berater:innen

▶ Gerade in der Personalarbeit werden viele mündliche Rücksprachen und Meetings durchgeführt. Nutze das digitale Notizbuch statt vieler Notizzettel, um Absprachen zu dokumentieren und To-dos zu notieren.

▶ Wenn du einen Beratungsauftrag im Bereich Teambuilding/ Zusammenarbeit hast, kannst du das Weekly-Meeting-Update einführen, um den Blick dafür zu schärfen, dass das ganze Team davon profitiert, wenn Aufgaben verteilt und Informationen geteilt werden.

Kathrin Strehlau, Brigitte Berscheid: Online-Teamhacks

Online-Team-Events

Vom gemeinsamen Mittagessen in der Kantine über das Feierabend-Getränk bis zur Weihnachtsfeier – die lieb gewonnenen Teamrituale nähren das Wir-Gefühl des Teams. Teams, die nie miteinander über etwas anderes als berufliche Belange gesprochen, nie miteinander gelacht, gefeiert oder auch heiß diskutiert haben, tun sich schwer mit dem Teamgefühl.

Teams, die nicht in räumlicher Nähe zusammenarbeiten, müssen neue Formen von Team-Events finden. Die Spontanität der Begegnungen fehlt, sie müssen initiiert werden.

Es heißt also, Team-Events planen und durchführen, die nicht nur Spaß machen, sondern auch den Team-Spirit fördern.

In diesen Hacks stellen wir einige Ideen für Team-Events vor, die nicht nur das Wir-Gefühl fördern, sondern auch einen echten Mehrwert für das Team bzw. das Unternehmen bringen. Im Einzelnen geht es dabei um:

- Das Wir-Gefühl im Team stärken
- Lernen im Team
- Die Gesunderhaltung im Team steigern
- Die Erreichbarkeit internationaler Teams fördern
- Vernetzen und fördern der Kooperation im Unternehmen

04

Hack 01 #Wir-Gefühl mit der Team-Olympiade

Diese Frage wird beantwortet

Ein gutes Klima im Team sorgt für höhere Produktivität, bessere Ergebnisse und eine gute Fehlerkultur. Schnell verschlechtert sich aber ein bisher gutes Teamklima, wenn die informellen Gespräche wegfallen, weil man nur noch virtuell zusammenarbeitet.

Wie führt man online mit überschaubarem Aufwand ein Team-Event durch, um die Team-Spirit-Batterie wieder aufzuladen?

Die Lösung

Nutzt die Video-Plattform und dazu ggf. das virtuelle Whiteboard, um ein unterhaltsames Team-Event zu organisieren. Es gibt Anbieter, die fertige Online-Team-Events anbieten. Wir meinen aber: Schon die Vorbereitung des Events macht Spaß und stärkt das Team!

Mindset

Führungskraft

Deine Teammitglieder sind mehr als Human Resources, die Aufgaben abarbeiten. Das Verhältnis zur Führungskraft und ein schlechtes Teamklima gehören zu den häufigsten Gründen für eine Kündigung. Nutze Team-Events, um aktiv in die Beziehung zum Team zu investieren.

Team

Ihr seid es, die es in der Hand haben, ob das Teamklima gut oder schlecht ist. Werdet aktiv und organisiert auch selbst Team-Events. Häufig ist während der regulären Arbeitszeit kein Platz für den informellen Austausch. Investiert daher auch einmal ein paar Stunden nach der Arbeit in ein unterhaltsames Team-Event.

Kathrin Strehlau, Brigitte Berscheid: Online-Teamhacks

So wird's gemacht

Organisiert eine virtuelle Team-Olympiade. Lost zwei Mannschaften aus. Diese bereiten mehrere herausfordernde Spiele für die anderen vor. Öffnet pro Mannschaft einen asynchronen Kommunikationskanal (Chat, Beiträge, digitales Notizbuch), um Ideen für die Spiele auszutauschen, Aufgaben zu verteilen und Vorbereitungen zu treffen.

Im Event stellt ihr immer abwechselnd dem anderen Team eine Aufgabe mit Zeitangabe. Wird die Aufgabe gelöst, erhält das Team einen Punkt. Das Team mit den meisten Punkten gewinnt etwas.

Hier einige Ideen für Aufgaben:
- Quizfragen
- Montagsmaler
- Pantomime
- Textzeilen von Liedern vervollständigen
- Kolleg:innen ihren Babybildern zuordnen

Lasst eurer Fantasie freien Lauf!

Einsatzmöglichkeiten

- Team-Kick-off
- Sommerfest
- Weihnachtsfeier
- Willkommens-Meeting für neue Mitarbeitende

Geeignete Tools

- Meeting-/Konferenz-Tools
- Tool mit Chatfunktion
- Digitales Whiteboard (z.B. für Montagsmaler)
- PowerPoint oder Mentimeter (z.B. für Quizfragen)

Tipp

Ihr schaut gerne Quizsendungen und Spielshows? Ihr liebt Pub-Quizzes?

Lasst euch davon inspirieren und setzt Spielideen aus dem Fernsehen für euer Team um!

Mehrwert & Beispiele für Teams

▶ Ihr habt viel Spaß miteinander.
▶ Ihr lernt euch losgelöst vom beruflichen Kontext kennen.
▶ Ihr entdeckt Fähigkeiten und Begabungen an euch selbst bzw. an anderen Teammitgliedern, die ihr bisher nicht kanntet.

Mehrwert & Beispiele für Führungskräfte

▶ Du kannst Nähe zwischen dir und deinem Team schaffen.
▶ Du stehst zu deinen Schwächen und zeigst deine Stärken.
▶ Du zeigst, dass du delegieren kannst.
▶ Du siehst schnell, wer in deinem Team welche Stärken hat.

Mehrwert & Beispiele
für Personaler:innen

Mehrwert & Beispiele
für Berater:innen

- Erarbeite eine Vorlage für ein Team-Event, sodass Teams auf diese zurückgreifen können, wenn ihnen die Zeit fehlt, selbst ein Event zu organisieren.
- Du kannst auch selbst Team-Events in diesem Format moderieren.
- Nutze eine Online-Olympiade, z.B. auch in der Onboarding-Phase für Auszubildende, um sie für das Unternehmen zu begeistern.
- Poste Bilder vom Azubi-Event auch in sozialen Netzwerken, das zeigt eure Unternehmenskultur und zieht wiederum passende neue Interessenten an.

- Mit einer Team-Olympiade schaffst du schnell eine entspannte Atmosphäre.
- Du kannst die einzelnen Spiele der Team-Olympiade im mehrtägigen Team-Training zur Aktivierung zwischendurch nutzen.
- Du siehst schnell, wie das Team tickt und wer welche Rolle einnimmt.

Hack 02 #Lernen mit Online-Team-Escape

Diese Frage wird beantwortet

Ihr habt eine Vielzahl von digitalen Tools, mit denen ihr eure virtuelle Zusammenarbeit organisieren sollt? Jeder probiert ein wenig herum, aber es gibt kein gemeinsames Konzept zur Nutzung? Ihr wisst noch nicht, für welche Tools ihr euch entscheiden sollt?

Wie lernt ihr schnell, wie die digitale Zusammenarbeit in eurem Team mit den neuen Tools funktioniert?

Die Lösung

Spielt gemeinsam ein Online-Escape-Spiel. In einem solchen Spiel müsst ihr gemeinsam einen Kriminalfall oder ein herausforderndes Rätsel lösen. Ihr nutzt für das gemeinsame Lösen der Aufgabe ausschließlich digitale Zusammenarbeits-Tools.

Mindset

Führungskraft
Hands-on! Lass dein Team live verschiedene Tools testen und gib ihm dadurch die Chance, sich aktiv an der Gestaltung der digitalen Arbeitsumgebung zu beteiligen.

Team
Was im Spiel funktioniert, wird voraussichtlich auch im beruflichen Alltag gut funktionieren. Ihr könnt – ohne Risiko – alles ausprobieren und im Anschluss überlegen, welche Tools ihr gerne einsetzen möchtet. Hier könnt ihr auch Fehler machen, die keine wesentlichen Auswirkungen haben. Und ihr lernt, ohne eine Schulung besuchen zu müssen, schon viel über die neuen Tools.

So wird's gemacht

Bucht im Internet ein Online-Escape-Game. Es gibt sie von vielen verschiedenen Anbietern, und für jeden Geschmack ist etwas dabei.

Nun macht eine Liste der Tools, die ihr ausprobieren wollt. Welches Tool wird sich voraussichtlich für welchen Einsatz eignen? Wer zeigt den anderen welches Tool?

– Meeting-Tool: Besprechung
– Chat/Beitrag: asynchrone Besprechung
– Digitales Whiteboard: sammeln, priorisieren
– Digitales Notizbuch: sammeln, verlinken
– Planungs-Tool: Aufgaben verteilen, Erledigung anzeigen
– Gemeinsame Dateiablage: Infos teilen

Löst nun im Team Schritt für Schritt das gestellte Rätsel und nutzt dafür nur die von euch vorher gewählten Tools. Reflektiert im Anschluss eure Erfahrungen und hilfreiche Regeln im Umgang mit den Tools.

Einsatzmöglichkeiten

➤ Auswahl von Software-Tools
➤ Einführung neuer Tools
➤ Skill-Trainings

Geeignete Tools

➤ Alle Tools, die in Zukunft für die digitale Zusammenarbeit in eurem Team genutzt werden sollen

Tipp

Online-Escape-Games könnt ihr auf Zeit lösen, dann müsst ihr euch natürlich synchron im Online-Meeting treffen.

Ihr könnt das Spiel aber auch über einen bestimmten Zeitraum spielen und so den Fokus auf den asynchronen Austausch via Chat bzw. Kanalbeitrag legen.

Mehrwert & Beispiele
für Teams

Mehrwert & Beispiele
für Führungskräfte

▸ Ihr lernt auf sehr angenehme und unterhaltsame Weise neue Software-Produkte kennen.

▸ Ihr könnt Einfluss auf die Gestaltung eurer digitalen Arbeitsumgebung nehmen.

▸ Ihr erkennt sofort, wo die Tools sich gut ergänzen und wo sie gleiche Bedürfnisse abdecken.

▸ Du beteiligst dein Team aktiv an der Gestaltung der digitalen Arbeitsumgebung.

▸ Du steigerst dadurch die Akzeptanz und unterstützt den Wandel.

▸ Das Online-Escape-Game spart evtl. einen langwierigen Auswahlprozess und aufwendige Schulungen.

- In eurem Unternehmen wurde ein neues Softwarepaket ausgerollt und du suchst nach einer Möglichkeit, mit kleinem Aufwand die Basis-Skills zu vermitteln.
- Stelle den Teams in eurem Unternehmen dein Online-Escape-Konzept vor und moderiere das Spiel.

- Du kannst mit einem Escape-Game die Software-Auswahl in einem Unternehmen vorantreiben. Dann nutze im Spiel die verschiedenen Tools, die zur Auswahl stehen und lasse das Team am Ende für das beste Tool voten.
- Das Moderieren von Online-Escape-Games könnte deine neue Dienstleistung werden.

Hack 03 #Pause mit Gesunderhaltung

Diese Frage wird beantwortet

Wir sitzen viel im Homeoffice und stehen auch nicht zwischen den Meetings auf, um in einen anderen Raum zu gehen. Auch der Gang in die Kantine oder zum Kaffeeautomaten entfällt. Die einseitige Haltung und die mangelnde Bewegung können zu Rückenschmerzen oder Herz-Kreislauf-Problemen führen.

Wie kann das Team im Homeoffice zu mehr Bewegung animiert werden?

Die Lösung

Der gemeinsame kurze Spaziergang in der Mittagspause oder die Laufgruppe am Abend werden durch eine gemeinsame aktive Pause mehrmals in der Woche ersetzt.

Mindset

Führungskraft
Bewegung tut dir und auch deinem Team gut. Durch die digitale Zusammenarbeit fallen lange Reisezeiten und auch die Zeiten für den Platzwechsel innerhalb des Unternehmens weg, um z.B. in den Meeting-Raum zu gelangen. Investiere die eingesparte Zeit in die Gesundheit deiner Teammitglieder und lasse aktive Pausen während der Arbeitszeit zu!

Team
Es geht um eure Gesundheit! Nehmt das Angebot der aktiven Pause wahr und bringt euch auch selbst aktiv ein, wenn ihr z.B. Freizeitsportler seid und in der Lage, die Kolleginnen und Kollegen in einer sportlichen Aktivität anzuleiten.

So wird's gemacht

Legt Regelmeetings an zwei bis drei Tagen fest und plant diese auf ca. 1 Stunde.

Check-in ist fünf Minuten nach dem festgesetzten Beginn des Meetings, sodass alle Zeit hatten, sich umzuziehen. Nun macht ihr via Online-Meeting 30 Minuten gemeinsam Sport. Die restlichen 20 Minuten nutzt ihr, um euch frisch zu machen, euch wieder umzuziehen und eine gesunde Kleinigkeit zu essen.

Zum gemeinsamen Online-Sport eignen sich:
– Gymnastik
– Hula-Hoop-Reifen
– Gemeinsames Radeln auf dem Home-Trainer
– Yoga
– Stretching
– Aerobic

Wechselt zwischen den Sportarten ab oder gründet verschiedene, themenbezogene Sportgruppen.

Einsatzmöglichkeiten

▶ Gesunderhaltung
▶ Vorbereitung von Team-Events (z.B. Hula-Hoop-Wettbewerb im Rahmen der Team-Olympiade)
▶ Integration neuer Teammitglieder

Geeignete Tools

▶ Meeting-/Konferenz-Tools

Tipp

Sicher haben nicht alle von euch ein voll ausgestattetes Sportstudio zu Hause.

Wählt daher am besten Sportarten, für die keine Ausrüstung angeschafft werden muss. Für gemeinsames Yoga oder Gymnastik genügt der Boden.

Mehrwert & Beispiele
für Teams

Mehrwert & Beispiele
für Führungskräfte

> Ihr habt ein Regelmeeting, in dem ihr euch bewegt!
> Der „innere Schweinehund" hat keine Chance.
> Ihr beugt gesundheitlichen Problemen vor oder könnt schon vorhandene lindern.

> Du förderst aktiv die Gesundheit deiner Teammitglieder.
> Du stellst sicher, dass dein Team regelmäßig Pausen einlegt.
> Schenke deinen Teammitgliedern anlässlich der Weihnachtsfeier z.B. einen Hula-Hoop-Reifen – dann gibt es keine Ausreden mehr.

 **Mehrwert & Beispiele**
für Personaler:innen

 **Mehrwert & Beispiele**
für Berater:innen

> Sport fördert die Bildung neuer Synapsen. So werden Aufmerksamkeit, Konzentration und geistige Leistungsfähigkeit gesteigert.
> Sport fördert auch die körperliche Gesundheit und beugt Erkrankungen vor.
> Rege aktive Pausen in den Teams an und bekämpfe so den Bewegungsmangel im Homeoffice.
> Du kannst auch unternehmensweite Zeiten hierfür definieren und ihr könnt euch gegenseitig mit Fotos oder Videos motivieren.

> Auch du bewegst dich in deinem virtuellen Arbeitsraum deutlich weniger, als wenn du vor Ort bei Kund:innen berätst oder Trainings durchführst.
> Rege in deinen Trainings daher kurze, aktive Pausen an. Zeige in diesen Pausen z.B. einige kurze Dehnübungen. So bleibst du selbst fit und steigerst die Konzentrationsfähigkeit der Teilnehmenden.

Hack 04 #Erreichbarkeit mit internationaler Team-Late-Night

Diese Frage wird beantwortet

Ihr arbeitet in einem internationalen Team, in verschiedenen Zeitzonen mit unterschiedlichem gesellschaftlichem und kulturellem Umfeld?

Wie könnt ihr dennoch ein gutes Teamklima schaffen, euch von Zeit zu Zeit live sehen und euch gegenseitig kennenlernen?

Die Lösung

In regelmäßigen Abständen organisiert ein „Landes-Team" außerhalb der eigenen Arbeitszeit eine Late-Night-Show. Für die Teammitglieder in den anderen Ländern kann das Event innerhalb oder außerhalb der Arbeitszeit liegen.

Mindset

Führungskraft
Du wirst mit den Teammitgliedern, die im gleichen Land wie du arbeiten, automatisch viel Kontakt haben. Verliere aber auch die Mitarbeitenden der anderen Units nicht aus den Augen!

Team
Seid offen für den persönlich Kontakt, auch mit den Teammitgliedern, die nicht in eurem Land arbeiten. Ein Team funktioniert auch über Länder und Kontinente hinweg. Seid neugierig darauf, eure Kolleginnen und Kollegen kennenzulernen und stellt euch selbst vor.

Kathrin Strehlau, Brigitte Berscheid: Online-Teamhacks

So wird's gemacht

Einigt euch im nationalen Team auf einen Tag, an dem ihr gemeinsam eure Late-Night-Show organisieren wollt und ladet das internationale Team ein, euch zu treffen und kennenzulernen.

Bereitet für die Late-Night unterhaltsame und interessante Informationen über euch vor. Es geht hier nicht um die Vorstellung eurer Business-Unit, sondern darum, euch persönlich vorzustellen.

Zeigt z.B. Bilder, sprecht darüber, wie ihr lebt, stellt – wenn ihr das wollt – auch eure Familie vor. Ihr könnt auch Spiele vorbereiten (wie in der Team-Olympiade vorgeschlagen).

Freut euch über die Gegeneinladung eurer Kolleginnen und Kollegen. Dieses Event fördert das Verständnis für andere Lebensumstände und Herausforderungen.

Einsatzmöglichkeiten

- Kick-off
- Internationales Team-Building
- Interkultureller Austausch
- Onboarding internationaler Partner oder Teams

Geeignete Tools

- Meeting-/Konferenz-Tools

Tipp

Nehmt Rücksicht bei der Bestimmung des Termins auf andere Kulturen und Religionen und erkundigt euch im Vorfeld z.B. nach Feiertagen oder besonderen Gegebenheiten.

Beim Finden eines möglichst passenden Zeit-Slots hilft euch www.worldtimebuddy.com.

**Mehrwert & Beispiele
für Teams**

**Mehrwert & Beispiele
für Führungskräfte**

- Ihr lernt eure Kolleginnen und Kollegen besser kennen.
- Ihr lernt andere Länder und Kulturen „aus erster Hand" besser kennen.
- Ihr fördert das Verständnis für unterschiedliche Arbeitsweisen und Zusammenarbeitskulturen.

- Du kennst dein internationales Team persönlich.
- Du baust Vorbehalte gegenüber Mitarbeitenden aus anderen Ländern ab.
- Du förderst die Identifizierung mit dem Unternehmen über Ländergrenzen hinweg.

Mehrwert & Beispiele
für Personaler:innen

Mehrwert & Beispiele
für Berater:innen

- Interkultureller Austausch ist wichtig, um gute Zusammenarbeit über Ländergrenzen hinweg zu fördern.
- Wenn du Mitarbeitende in andere Länder entsendest, ist die Team-Late-Night eine gute Möglichkeit, das Team im Ausland schon im Vorfeld kennenzulernen. So erleichterst du den Start im Ausland und deine Mitarbeitenden knüpfen schon vor der Ausreise wichtige Kontakte.

- Beratungsprojekten in internationalen Teams kannst du mit einer Team-Late-Night einen wichtigen positiven Impuls geben.
- Lade in diesem Fall selbst zur Team-Late-Night ein und bitte alle Teilnehmenden, im Vorfeld etwas über sich und ihren Hintergrund vorzubereiten und im Termin mitzuteilen.
- Wenn du nur ins Ausland reisen würdest, um die Teammitglieder kennenzulernen, kannst du diese Reise evtl. mit der Team-Late-Night ersetzen.

Hack 05 #Vernetzen von Experten mit Online-World-Café

Diese Frage wird beantwortet

Silodenken. Nicht wissen, wer zu welchem Thema Spezialwissen hat. Doppelarbeiten, weil keiner wusste, wer im Unternehmen gerade an was arbeitet. In der Online-Zusammenarbeit treten diese Probleme noch häufiger auf!

Wie gelingt es, Spezialisten im Unternehmen auch online miteinander zu vernetzen und den Austausch über wichtige Themen zu fördern?

Die Lösung

Das Meeting-Format World Café dient dazu, Menschen miteinander ins Gespräch zu bringen. Es geht dabei um den Austausch in kleinen Gruppen zu verschiedenen Fragen. Dieses Format ist auch online einfach umzusetzen.

Mindset

Führungskraft
Fördere die Vernetzung deiner Teammitglieder mit anderen Abteilungen und Teams. So kannst du die Kreativität des ganzen Unternehmens nutzen.
Der Besuch eines World Cafés kann ein echter Booster für dein Team sein!

Team
Bratet nicht im eigenen Saft, sondern öffnet euren Silo und teilt eure Ideen und euer Wissen mit anderen Teams im Unternehmen.

Kathrin Strehlau, Brigitte Berscheid: Online-Teamhacks

So wird's gemacht

Ihr legt ein Online-Meeting mit mehreren Breakout-Rooms an und bereitet auf dem digitalen Whiteboard die gleiche Anzahl „Tische" vor.

Zu Beginn der Veranstaltung stellt ihr die Methodik und das Thema vor. Das World Café wird zu einem zuvor definierten Thema mit vorgegebenen Fragen stattfinden.

Jedem Breakout-Room wird eine Person, die moderiert, zugeordnet. Die Teilnehmenden betreten reihum die verschiedenen Breakout-Rooms, tauschen sich zur dortigen Fragestellung aus und sammeln die Ergebnisse auf dem Whiteboard. Die Diskussionsrunden dauern zwischen 15 und 30 Minuten. Danach wechseln die Teilnehmenden in einen anderen virtuellen Raum und arbeiten an den dort gesammelten Ideen weiter, bis alle an allen Themen gearbeitet haben.

In einer Abschlussrunde werden im virtuellen Plenum die Ergebnisse von den jeweiligen Moderator:innen vorgestellt.

Einsatzmöglichkeiten

- Jahres-Kick-off
- Unternehmensweite Change-Projekte
- Strategische Initiativen

Geeignete Tools

- Meeting-/Konferenz-Tools mit der Möglichkeit, Breakout-Sessions anzulegen
- Digitales Whiteboard
- Timer (integriert im Whiteboard oder im Meeting-Tool)

Tipp

Wenn ihr auf YouTube nach „Digitales World-Café" sucht, findet ihr verschiedene gute Anleitungen, um dieses Meeting-Format mit einer Meeting-Plattform und einem digitalen Whiteboard umzusetzen. Eine interessante Alternative für offene Fragestellungen kann auch die „Open-Space"-Methodik sein.

Mehrwert & Beispiele
für Teams

- Ihr investiert euer Wissen in den Erfolg des ganzen Unternehmens.
- Euer Return on Invest sind kreative Ideen und ein Netzwerk von Spezialisten in eurem Unternehmen, das ihr bei Fragen jederzeit ansprechen könnt.
- Ihr werdet mit eurer Expertise auch außerhalb eures Teams wahrgenommen.

Mehrwert & Beispiele
für Führungskräfte

- Du nutzt nicht nur die Kreativität deines eigenen Teams.
- Du lernst Spezialisten aus anderen Teams kennen, die zu deinem Team passen könnten.
- Dein Team lernt andere Sichtweisen kennen und schaut „über den Tellerrand" hinweg.

> Nutze das Online-World-Café als Assessment-Center und stelle verschiedene Fragen.
> Lade Spezialisten aus anderen Unternehmen oder Studienabgänge zu einem Online-World-Café ein und lerne so mögliche Kandidaten und High Potentials kennen.

> Du wirst immer häufiger Anfragen bekommen, große Gruppen online zu moderieren. Das Online-World-Café lässt sich einfach umsetzen und sorgt für Austausch zwischen Teilnehmenden.

Kathrin Strehlau, Brigitte Berscheid: Online-Teamhacks

Online-Kommunikation

Online kann sowohl synchron als auch asynchron zum Austausch von Argumenten, für Brainstormings, für Feedback und für Schulungen von komplexen oder komplizierten Tools, Methoden oder Prozessveränderungen kommuniziert werden.

Synchrone Online-Kommunikation kann über Video-Tools erfolgen, in denen Personen direkt miteinander sprechen und ohne Zeitversatz aufeinander reagieren können, z.B. in Meetings, Konferenzen oder Schulungen. Für die asynchrone (zeitversetzte) Online-Kommunikation eignen sich besonders Chat-Tools, da hier auch Sprachnachrichten verwendet werden können. Online-Information erfolgt in aller Regel asynchron, d.h. zeitversetzt. Sie kann im Push- oder Pull-Prinzip erfolgen. Hierfür eignen sich Filesharing-Tools in Kombination mit Nachrichtenkanälen in Kollaborations-Tools.

Aufgrund der vielen Kanäle und Ziele beklagen Online-Teams häufig, dass zu viele Kanäle genutzt werden und sie nicht mehr wissen, wo sie welche Info finden.

Mit unseren Hacks könnt ihr eure Online-Kommunikationskompetenz erweitern:

▶ Kennenlernen mit Metakommunikation: Auch ohne Worte den richtigen Ton treffen
▶ Planen mit dem 4x4 der internen Online-Kommunikation: Wer was wann wie?
▶ Erreichbarkeit von externen Zielgruppen fördern
▶ Effizienz steigern durch Tool-Fokus
▶ Moderation mit aktivierenden „Calls to Action" durchführen

Hack 01 #Kennenlernen mit Metakommunikation

Diese Frage wird beantwortet

„Man kann nicht *nicht* kommunizieren." Dieser bekannte Satz des Kommunikationswissenschaftlers Paul Watzlawick weist auf die Bedeutsamkeit von Metainformationen der Kommunikation durch Körpersprache, Beziehungsaspekte und alle nicht gesagten Dinge, die Einfluss auf die Kommunikation haben. Wie kann ich diese Metakommunikation im digitalen Umfeld nutzen, um für mehr Nähe, Vertrauen und eine positive Atmosphäre zu sorgen?

Die Lösung

Mit Metakommunikation, die möglichst viele Sinne anspricht und das Unterbewusstsein positiv beeinflusst. Nutze die Macht von Symbolen und Nicht-Gesagtem, um deinen Inhalt zu unterstützen und die Beziehung zu deinen Gesprächspartner:innen positiv zu beeinflussen.

Mindset

Übernimm selbst Verantwortung für eine bewusstere Kommunikation – egal, ob verbal oder nonverbal. Denn Kommunikation im digitalen Umfeld, egal, ob direkt in Videokonferenzen oder in Form von schriftlicher Kommunikation (Chats), birgt mehr Gefahr von Missverständnissen als direkte Face-to-Face-Kommunikation.

Online fehlen Informationen für verschiedene Sinne: Weniger Körpersprache lässt Personen weniger spüren, sodass das Bindungshormon Oxytocin nicht ausgeschüttet wird. Auch der Geruchssinn, der uns unbewusst Hinweise gibt, ob uns jemand sympathisch ist und wir ihm vertrauen, fehlt. Online benötigen wir deshalb mehr Kommunikation über das, was wir denken, was wir sehen, was wir tun, um Vertrauen aufzubauen. Alles muss besser geplant sein – sogar, zusammen zu lachen.

Kathrin Strehlau, Brigitte Berscheid: Online-Teamhacks

So wird's gemacht

1. Kamera auf Augenhöhe und Blick auch direkt in die Kamera, statt nur auf die Videos. So entsteht virtuelle Augenhöhe und direkter Blickkontakt.
2. Licht kommt nur von vorne oben (z.B. Schreibtischlampe oder Ringlicht). So wird Mimik besser sichtbar. Frag dein Gegenüber, wie es dich sieht – da kommt das Bild oft anders an als auf deinem Video.
3. Hintergrund bewusst wählen und wechseln: z.B. im Homeoffice ein Foto aus deinem Büro oder bei Kaffeepausen einen entspannenden Ort in der Natur. Interessante Gegenstände oder Fotos im Hintergrund bieten Möglichkeiten für Small Talk.
4. Wenn du mit Personen anderer Standorte sprichst, mach eine „virtuelle" Reise durch dein Büro, bevor ihr mit dem Gespräch beginnt: Wie hätte die Begrüßung stattgefunden, was wäre zu sehen gewesen? Was siehst du, wenn du dich umsiehst?
5. Farbwahl: Möglichst wenig Muster, Farben wie Dunkelblau und Grün wirken beruhigend und professionell, Rot und Gelb signalisieren Kraft.

Einsatzmöglichkeiten

> In jedem Online-Meeting
> Bei Kundengesprächen, die einen Unterschied machen sollen
> Bei dezentralen Teams, die sich neu bilden und die Standorte nicht kennen
> Im digitalen Onboarding
> Bei Konferenzen, die sonst in besonderen Locations stattfinden

Geeignete Tools

> Video-Conferencing-Tools

Tipp

Denkt auch an das leibliche Wohl. Fragt euer Gegenüber, ob es schon etwas zu trinken hat oder sich noch schnell etwas holen möchte. Bei einem virtuellen Kaffeetrinken könnt ihr dem Team auch vorher per Post ein Paket mit Tee, Instantkaffee oder Kakao zusenden, zusammen mit einer Tasse. Wenn alle die gleiche Tasse haben, schafft das ein Gemeinschaftsgefühl.

Mehrwert & Beispiele
für Teams

Mehrwert & Beispiele
für Führungskräfte

▶ Nutzt im Team die Möglichkeit, euch gegenseitig Feedback zu eurer Wirkung in Online-Meetings zu geben, das hilft euch auch in Terminen mit anderen Fachbereichen oder Kund:innen.

▶ Tauscht euch zu euren Erfahrungen aus anderen Meetings aus: Was hat euch überrascht, was hat nicht positiv auf euch gewirkt? So könnt ihr auch immer wieder Neues ausprobieren und übernehmen.

▶ Bilder von euren letzten Team-Events als virtueller Hintergrund erinnern euch an gemeinsam gemachte Erfahrungen und lassen das Gemeinschaftsgefühl wieder aufleben.

▶ Indem du bewusst den Fokus auch auf nicht inhaltliche Aspekte der Online-Kommunikation legst, schaffst du eine Möglichkeit, noch mehr über deine Teammitglieder oder dein Gegenüber zu erfahren – eine wichtige Voraussetzung, um langfristig gute Beziehungen aufzubauen.

▶ Nutze das Thema der Hintergründe auch, um Situationen aufzulockern, vielleicht mal mit einem humorvollen Comic. Gemeinsames Lachen ist immens wichtig und verbindet.

Mehrwert & Beispiele
für Personaler:innen

▶ Berücksichtige in Schulungskonzepten neben technischen Inhalten auch die Bereiche der Metakommunikation – so gibst du den Teams und Führungskräften Sicherheit und ein besseres Gefühl in der Online-Zusammenarbeit.

▶ Stelle allgemeine Vorlagen für verschiedene Hintergründe zur Verfügung. Gemeinsam mit dem Marketing-Bereich fallen euch sicher einige verschiedene Varianten ein, die sich besonders für die interne und externe Kommunikation eignen. So behältst du ein übergreifendes CI bei und ermöglichst trotzdem Vielfalt.

▶ Lade Teilnehmende ein, selbst Ideen beizusteuern und im Rahmen bestimmter Vorgaben (z.B. Auflösung, Farbpalette etc.) eigene Vorlagen zu erstellen und intern zu teilen.

Mehrwert & Beispiele
für Berater:innen

▶ Nutze diese Form der Metakommunikation, um besondere Akzente in der Zusammenarbeit mit dir zu setzen.

▶ Biete an, dass ihr euch gegenseitig Feedback zu den Erfahrungen und der Wirkung geben könnt.

▶ Du kannst in deinem virtuellen Hintergrund auch dein Logo platzieren oder besondere Zitate oder Bilder, die zu deinem Inhalt passen. So vermittelst du direkt dein Mindset und Informationen über die Zusammenarbeit mit dir.

Hack 02 #Planung mit dem 4x4 der internen Kommunikation

Diese Frage wird beantwortet

Wie gelingt online eine ausgewogene Information & Kommunikation in Veränderungs- und Entwicklungsphasen, sodass relevante Informationen an die richtigen Zielgruppen kommen und gegenseitiger Austausch die Entwicklung positiv beeinflussen?

Die Lösung

Das 4x4 der Kommunikation erleichtert dir die Planung deiner Online-Kommunikation. Mit einer sich wiederholenden „Story" weckst du Verständnis und motivierst. Mithilfe verschiedener Medien & Methoden, die verschiedene Sinne & Lerntypen ansprechen, wird das Behalten und Umsetzen erleichtert. Eine perspektivenreiche und ehrliche Kommunikation schafft Vertrauen, und mit den richtigen Zielgruppen hast du alle im Blick. So wird die Umsetzung von Schulungsinhalten oder Change-Prozessen beschleunigt.

Mindset

Für alle

Information und Kommunikation im Change-Prozess sind sowohl eine Hol- als auch eine Bringschuld.

In Change-Prozessen gibt es von den Beteiligten oft das Feedback, dass zu wenig kommuniziert wird. Häufig sind die verwendeten Kommunikationskanäle nicht bekannt. Achtet deshalb auf allen Seiten darauf, miteinander statt übereinander zu reden – dann klappt es auch mit der Information und Kommunikation.

Kathrin Strehlau, Brigitte Berscheid: Online-Teamhacks

05-02_Kommunikationsrad_Vorlage.docx

So wird's gemacht

1. Baue eine 4-W-Story, die immer wieder wiederholt wird und als Einleitung dient:
   - Warum wird verändert (Hintergrund/Anlass)
   - Wozu wird verändert (Nutzen)
   - Was (Methoden, Prozesse, Tools, Strukturen)
   - Wer (Projektteam), für wen (Kunde/Nutzer)
2. Nutze Medien & Methoden, die 4 Sinne ansprechen
   - Sehen durch Texte, Blogs, Bilder, Videos
   - Hören mit Sprachnachrichten, Podcasts
   - Besprechen in Online-Meetings, Befragungen
   - Erleben in Online-Workshops, Test-Werkstätten
3. Beleuchte mehrere Perspektiven
   - Positive und negative Aspekte
   - Was ist schon entschieden, was noch nicht
   - Was ändert sich, was nicht
   - Welche Quick Wins & Erfolge werden zu Routinen, was hat sich nicht bewährt & kann wieder weg?
4. Erreiche die 4 wichtigsten Zielgruppen
   - Kunde/Nutzer
   - Projektteam
   - Auftraggeber
   - Promoter/Multiplikatoren

Einsatzmöglichkeiten

- In jeder Phase parallel zum DIY-Entwicklungszyklus
- Bei Personalveränderungen (Einstieg, Ausstieg, interner Wechsel)
- Bei Umstrukturierungen
- Bei der Einführung neuer Tools & Prozesse
- Bei der Ausrichtung auf neue Marktstrategien

Geeignete Tools

- Video-Conferencing-Tools
- Whiteboard
- Umfrage-Tools
- Chat-Instantmessaging

Tipp

Asynchrone Information ist einseitig und zeitversetzt – ihr sendet eine Information und wisst nicht, ob & wie sie empfangen wird. Kommunikation ermöglicht ein direktes Auseinandersetzen von beiden Seiten.

Mehrwert & Beispiele
für Teams

Mehrwert & Beispiele
für Führungskräfte

➤ Einzelne Teammitglieder von euch arbeiten in übergreifenden internen Change-Projekten? Dann nutzt das 4x4 auch in Bezug auf euer Team.

➤ Wenn ihr
- ein neues Produkt
- einen neuen Ansprechpartner
- einen modifizierten Prozess

bei euren Kund:innen, Geschäftspartnern oder anderen Teams im Unternehmen bekannt machen & etablieren möchtet, garantiert das 4x4 die erfolgreiche Kommunikation.

➤ Für Informationen und Veränderungen, die du in Führungsrunden erhältst und an dein Team weitergeben möchtest.

➤ Als Basis für eine regelmäßige Kommunikation in deinem Team und zwischen Abteilungen oder Bereichen.

Mehrwert & Beispiele
für Personaler:innen

Mehrwert & Beispiele
für Berater:innen

▸ Als Basis für die Kommunikation verschiedener paralleler Veränderungs- oder Entwicklungsprozesse.

▸ Für neue, übergreifende Tools & Prozesse, die du aus der Personalabteilung heraus in der Organisation etablieren möchtest.

▸ Für die Gestaltung interner Kommunikationsprozesse.

▸ In Change-Projekten in der Kommunikationsplanung und -umsetzung.

▸ Bei größeren Entwicklungsprojekten, an denen verschiedene Abteilungen und Zielgruppen beteiligt sind.

▸ Du kannst das Modell und die Systematik bieten, die Inhalte liefern dann die internen Fachleute.

Hack 03 #Erreichbarkeit von externen Zielgruppen

Diese Frage wird beantwortet

Was tun, wenn keine Messen mehr stattfinden, keine Geschäftsreisen oder Businesslunches mehr möglich sind und persönliche Gespräche mit Kunden, Lieferanten oder Bewerbern nur noch digital stattfinden können?

Die Lösung

Nutze Online-Messen, Social Media und den Grundgedanken des Sog-Marketings, um mit Kunden, Lieferanten oder Bewerbern in Kontakt zu bleiben und neue zu finden. Berichte von dir, deiner Arbeit und biete interessanten Content – so werden Menschen auf dich aufmerksam, die deine Werte und Interessen teilen – ein wichtiger Grundstein für erfolgreiche Zusammenarbeit.

Mindset

Zeichne ein realistisches Bild, sei ehrlich, authentisch und einfach du – auch mit deinen „Fehlern" oder „Misserfolgen".

Das ist das oberste Gebot bei der Nutzung von Social Media, denn spätestens seit dem „War for Talents", der seit Ende der 1990er-Jahre die Wirtschaft in Atem hält, ist vielen Unternehmen klar geworden, dass auch sie sich um geeignete Menschen „bewerben" müssen. Große Employer-Branding-Kampagnen waren die Folge – leider auch hin und wieder verbunden mit der Enttäuschung der neuen Fachkräfte, wenn die Hochglanzversprechen aus Broschüren, gekauften Arbeitgeberbewertungen oder von Homepages nicht die Realität in den Unternehmen widerspiegeln. Social Media und Sog-Marketing hängt teilweise ein ähnlicher Ruf an, wegen zunehmender Fake News, eingesetzter Filter auf Fotos oder einseitiger Berichterstattung.

Kathrin Strehlau, Brigitte Berscheid: Online-Teamhacks

So wird's gemacht

1. Veranstalte eigene Online-Konferenzen, -Messen oder Meetups – hier können sich Kunden, Lieferanten und Bewerber mit dir austauschen. So hast du ein Ohr am Markt und kennst die Bedürfnisse deiner Interessengruppen.
2. Nutze Social-Media-Kanäle wie Facebook, Instagram, Xing oder LinkedIn (fokussiere dich!) für Informationen über neue Produkte, um Teams vorzustellen oder von deinen Projekten zu berichten. Hier gilt: Ein reines Unternehmensprofil ist so aussagekräftig wie eine Homepage – also nur bedingt. Lass auch deine Teams und Führungskräfte aus ihrem Arbeitsalltag berichten. Denn Menschen entscheiden sich für Menschen.

Verbinde Information mit echtem Nutzen und lass Kommunikation zu. Nutze vielfältige Möglichkeiten: Beiträge, Videos oder Interviews – Hauptsache selbst gemacht und authentisch! Werde selbst aktiv oder starte erst mal nur, indem du dich selbst umsiehst.

Einsatzmöglichkeiten

- Um in Kontakt zu bleiben mit Kunden, Lieferanten, Bewerbern
- Um neue Kunden, Lieferanten oder Bewerber auf dich und dein Team aufmerksam zu machen
- Um selbst ein „Ohr" am Markt zu haben

Geeignete Tools

- Video-Conferencing-Tools
- Digitales Whiteboard
- Umfrage-Tools
- Chat-Instantmessaging
- Social-Media-Kanäle

Tipp

Content is King – macht keine Verkaufsveranstaltung aus eurem Inhalt. Macht euch und euer Produkt, Unternehmen und Team interessant. Seid lieber kurz und oft als perfekt und selten online.

Mehrwert & Beispiele
für Teams

Mehrwert & Beispiele
für Führungskräfte

▸ Ihr könnt direkt Kontakt mit potenziellen neuen Kolleg:innen herstellen: Zeigt z.B., wie bei euch Einarbeitung abläuft, welche Team-Events ihr macht, was ihr an eurer Arbeit schätzt und was nicht oder welche Probleme ihr bewältigt habt – so bekommen potenzielle Bewerber:innen einen realistischen Eindruck.

▸ Wenn ihr das gemeinsam im Team macht, könnt ihr euch aufteilen – entweder inhaltlich oder auch zeitlich. So ist es für jeden nur ein bisschen Aufwand – und wer weiß, vielleicht entdeckt ihr neue Stärken!

▸ Ihr seid ein Vertriebsteam? Dann überlegt gemeinsam, wie ihr eure bestehenden oder neuen Kund:innen online erreichen könnt. Ihr könnt dafür einen DIY-Entwicklungszyklus (#9-2) im Team durchlaufen.

▸ Vertraue deinem Team. Wenn ihr gemeinsam über Inhalte und Präsentationsformen sprecht, werdet ihr einen gemeinsamen Weg finden, der sowohl das Unternehmen angemessen repräsentiert als auch authentisch ist.

▸ Stelle bewusst Mitarbeitende ein, die Social-Media-affin sind – so hast du immer die Nase an aktuellen Trends und neuen Möglichkeiten – du kannst ja dann immer noch entscheiden, was du daraus machst.

- Nutze die Netzwerke der Mitarbeitenden für weitere potenzielle Bewerbungen. So sparst du ggf. eine Menge Recruiting-Kosten.
- Mach interne Schulungsangebote zum Thema „Umgang mit Social Media" und verfasse Guidelines mit Tipps zu Fotogrößen, Textlängen etc. Mach deinen Kolleg:innen im Unternehmen den Einstieg so leicht wie möglich.

- Das Thema kann für dich interessant sein, um auch selbst eine Community aufzubauen und dir so Expertenstatus zu verleihen.
- Du kannst neue Kund:innen finden, ohne von Empfehlungen abhängig zu sein.
- Du kannst dieses Feld als Beratungspaket anbieten – denn viele Kund:innen nutzen diesen Bereich noch nicht und haben Vorbehalte.

Hack 04 #Effizienz durch Tool-Fokus

Diese Frage wird beantwortet

Ihr verliert den Überblick, weil zu viele Tools vorhanden sind und genutzt werden?
Wie wählt ihr den richtigen Kommunikationskanal, sodass Online-Kommunikation verbindlich wird, effizient genutzt und Zeit gespart wird?

Die Lösung

Schafft Klarheit, indem ihr einige Kommunikationstools und -kanäle auswählt und andere bewusst „abschaltet".

Nutzt z.B. ein Online-Team-Board (#2-1), um hier Transparenz und Verbindlichkeit zu schaffen.

Mindset

Für alle
Weniger ist mehr – vor allem in der Online-Kommunikation. Nutzt jeweils nur ein Tool, um synchron zu kommunizieren und asynchrone Nachrichten zu versenden.

Online ist Kommunikation und Information oft eine Holschuld (Pull-Prinzip), der Zugang zum Kanal bzw. die Teilnahme am Meeting bestimmen die Empfänger einer Nachricht. Abonniert deshalb Kanäle, die für euch wichtig sind und plant Regelmeetings ein!

Führungskraft
Wähle nicht aus alter Gewohnheit die E-Mail, um Informationen zu versenden, sondern halte dich an das, was dein Team vereinbart hat – und fordere dies auch ein.

Kathrin Strehlau, Brigitte Berscheid: Online-Teamhacks

So wird's gemacht

Asynchrone Kommunikation

Legt themenbezogene Kanäle fest und einigt euch auf ein Messenger-Tool. Löscht dann am besten die anderen Kanäle, die ihr zuvor genutzt habt und entfernt die Apps für Tools, die ihr nicht mehr verwenden wollt.

Dateien werden nicht verschickt, sondern nur der Link zur gemeinsamen Dateiablage veröffentlicht. Zu jedem Messenger-Kanal gibt es eine Dateiablage.

Synchrone Kommunikation

Entscheidet euch auch hier für ein Tool, das für euch gut geeignet ist und nutzt die anderen Tools fortan nicht mehr. Legt Regelmeetings fest, in denen kompakt Informationen synchron weitergegeben und Entscheidungen getroffen werden können, denn ein Daily oder Weekly sind effizienter als viele kleine Update-Meetings.

Einsatzmöglichkeiten

- Jedes Team
- Jede Abteilung/Unterabteilung
- Führungskreise
- Projektteams

Geeignete Tools

- Video-Conferencing-Tools
- Chat-Tools
- Filesharing

Tipp

Nutzt nur noch euer Chat-Tool für Nachrichten an euer Team.

Teaminterne E-Mails gehören der Vergangenheit an! Nutzt Tagesroutinen, um Infos passend zu versenden.

Mehrwert & Beispiele
für Teams

Mehrwert & Beispiele
für Führungskräfte

▶ Wenn ihr Kanäle abonniert, verpasst ihr keine Nachrichten.

▶ Ihr müsst euch keine Gedanken mehr zu E-Mail-Verteilern machen, wenn ihr den richtigen Kommunikationskanal wählt.

▶ Durch Regelmeetings habt ihr weniger Einzelmeetings. Bereitet euch auf diese Meetings vor. Der Ablauf ist ritualisiert, die Zeit beschränkt.

▶ Du erhältst definitiv weniger cc-Mails.

▶ Du kannst dich gezielt auf themenbezogene Team-Meetings vorbereiten, indem du die Chat-Verläufe zuvor liest.

▶ Du siehst, an welchen Themen dein Team gerade arbeitet und kannst Fragen schnell asynchron beantworten.

▶ Im Daily erhältst du täglich einen Überblick.

▶ Im Weekly stellst du sicher, dass alle den gleichen Informationsstand haben.

- Nutze Kommunikationskanäle, um teamintern die Personalarbeit zu strukturieren. So kannst du dich schnell über die Arbeit der anderen Bereiche informieren und Anfragen kompetent beantworten.
- Lege einen offenen Kommunikationskanal fest, in dem Mitarbeitende dir Fragen stellen können. So vermeidest du viele Einzelanfragen.

- Kommuniziere mit deinen Kund:innen über einen festen asynchronen Kommunikationskanal. Das ist effizient und schafft ein Gefühl der Nähe.
- Nutze entweder deine eigene Tool-Umgebung oder bitte deine Kund:innen, dich in ihre Umgebung einzuladen.

Hack 05 #Moderation mit aktivierenden „Calls to Action"

Diese Frage wird beantwortet

Bei persönlich stattfindenden Meetings, Schulungen oder Konferenzen können Teilnehmende jederzeit kurze Zwischengespräche mit Sitznachbarn führen, um sich über Themen auszutauschen. Moderator:innen können über direkten Blickkontakt einfacher zum Mitmachen motivieren und Fragen stellen. Wie kann diese Dynamik auch online erzeugt werden?

Die Lösung

Mit einem regelmäßigen „Call to Action" (Ursprung aus dem Marketing) sorgst du für einen dynamischen Sender-Empfänger-Wechsel und schaffst Raum für Fragen, Diskussionen und die aktive Auseinandersetzung mit Inhalten. So können vermittelte Inhalte mit bestehendem Wissen verknüpft, offene Fragen geklärt und mögliche Hürden aufgedeckt werden.

Mindset

Für Moderator:innen
Plane online noch kürzere Impulse und Inputs ein als in Präsenzveranstaltungen, denn die Aufmerksamkeitsspanne ist online noch kürzer.

Für Führungskräfte
Vermeide lange Monologe. Inhalte gebetsmühlenartig online zu präsentieren, ermüdet und nimmt dir die Chance zu wissen, wo dein Team wirklich steht. Verlasse dich nicht darauf, dass keine Reaktion für stille Zustimmung steht, sondern sei offen für Fragen, mögliche Einwände und Ideen deines Teams.

Für Teilnehmende und Team
Zeige deine Reaktionen auf unterschiedliche Weise. Genügte bisher eine gerunzelte Stirn oder ein Kopfschütteln, um eine Nachfrage zu provozieren, nutze jetzt klarere Signale. Bring dich aktiv ein.

Kathrin Strehlau, Brigitte Berscheid: Online-Teamhacks

So wird's gemacht

Plane maximal 10-15 Minuten in der Senderposition ein und schaffe ganz bewusst Möglichkeiten und Zeit, damit die Empfängerpersonen selbst senden können:

– <u>Reaktionen:</u> Stelle dazu geschlossene oder Alternativ-Fragen, z. B: Wer hat dazu schon Erfahrungen gemacht? Bitte den „Daumen hoch" klicken (bzw. weitere Symbole bei Alternativen)

– <u>3-Hashtag-Blitzlicht:</u> Jeder sagt reihum die ersten 3 Begriffe, die einem zum aktuellen Thema einfallen

– <u>Chat:</u> Fragen oder Zwischendiskussionen im Chat schreiben und beantworten lassen. Evtl. kann ein/e Co-Moderator:in Fragen im Chat beantworten.

– <u>Kleingruppen:</u> Bilde zufällige Kleingruppen, um den Austausch unter den Zuhörenden zu forcieren. Die Hauptaussagen können alle dann in der großen Gruppe teilen.

Einsatzmöglichkeiten

➤ In Meetings, Konferenzen, Schulungen
➤ Zu Beginn in Vorstellungsrunden
➤ Als Zwischenfazit oder als Feedback
➤ Jederzeit als Verknüpfung von Theorie & Praxis

Geeignete Tools

➤ Video-Conferencing-Tools mit Chat und Reaktionsfunktion
➤ Whiteboards mit Icons und persönlichen Avataren

Tipp

Erklärt zu Beginn euer Vorgehen und bleibt sensibel, falls sich Personen zu sehr an negative Schulsituationen erinnert fühlen. Räumt ihnen die Möglichkeit ein, sich auch zu enthalten, um nicht zu viel Druck zu erzeugen.

Mehrwert & Beispiele
für Teams

Mehrwert & Beispiele
für Führungskräfte

- In euren Team-Meetings könnt ihr den Hack nutzen, um ein schnelles Meinungsbild zu erhalten und um zu entscheiden, ob es noch Dinge zu klären gibt.
- Regelmäßige Reaktionen zu Gesagtem motivieren die sprechende Person.
- Ihr könnt so einen teamspezifischen Code entwickeln. Wenn sich nach einer Zeit bestimmte Icons oder Reaktionen etablieren, wird eure Online-Kommunikation schneller und sorgt für ein Teamgefühl.

- Du sorgst für Austausch auf Augenhöhe und bist sensibel für die Stimmungen in deinem Team.
- Du erkennst frühzeitig Vorbehalte, Einwände oder auch positive Energie, die du in der Umsetzung von Entwicklungs- oder Veränderungsprojekten nutzen kannst.
- Dein Team entwickelt eine eigene „Online-Kommunikation" und baut damit Distanz ab. Du schaffst damit eine Kultur der Offenheit und des Austauschs.

➤ Achte bei Schulungen der Video-Tools auch auf diese Funktionalitäten und schaffe Raum, damit die Teilnehmenden dies ausprobieren können.

➤ Teile Best Practices aus Teams und erstelle kurze Tipps zur Nutzung dieser technischen Möglichkeiten.

➤ Nutze diese Optionen selbst in deinen Trainings oder Workshops, um die Kommunikation zu fördern.

➤ Nutze diese Tipps, um in deinen Trainings, Workshops oder Beratungen für echten Austausch zu sorgen.

➤ Nutze diese Tipps, um sie in den Projekten mit deinen Kund:innen zu etablieren und weiteren Mehrwert zu schaffen.

Kathrin Strehlau, Brigitte Berscheid: Online-Teamhacks

Online-Kompetenzentwicklung

Wir sprechen von Kompetenz, wenn Wissen in Handlungen umgesetzt und je nach Situation flexibel angepasst werden kann.

Bei der Online-Zusammenarbeit müssen wir unsere Kompetenzen regelmäßig reflektieren und da erweitern, wo wir Kompetenzlücken finden.

Hierbei kann zwischen verschiedenen Kompetenzbereichen unterschieden werden, zu denen wir Hacks vorstellen:

➤ Fachkompetenz auf Basis der Ausbildung: z.B. in Bezug auf Gesetze, Normen, Fachwissen (wie Ingenieurwesen, Psychologie, Marketing, Vertrieb etc.). Der Hack: Digitaler Fachzirkel

➤ Methodenkompetenz im Umgang mit Tools & Methoden: z.B. MS Office, Verhandlungsführung. Die Hacks: Wechselnde Moderation und Kundenfokus

➤ Sozialkompetenz im Umgang mit anderen: z.B. Teamfähigkeit, Konfliktlösung, Führung. Der Hack: Reflexion der Online-Kommunikation mit Retros

➤ Selbstkompetenz auf Basis der eigenen Persönlichkeit & Stärken: z.B. Auftreten, Motivation, Selbstorganisation, Problemlösung, Belastbarkeit, Selbstreflexion, Flexibilität. Der Hack: Digitale Achtsamkeit

Hack 01 #Vernetzen von Fachkompetenz mit digitalem Fachzirkel

Diese Frage wird beantwortet

Dein Team ist interdisziplinär aufgestellt und du hast niemanden, mit dem du dich fachlich austauschen kannst? Wo bekommst du dann Infos zu neuen Verordnungen, Gesetzen, Anwendungsbeispielen her?

Die Lösung

Gründe einen digitalen Fachzirkel! Das kann wie in einer Matrixorganisation innerhalb deines Unternehmens sein oder auch unternehmensübergreifend. Hier tauscht ihr Wissen, Tipps und Erfahrungen aus und könnt auch Neues entwickeln.

Mindset

Organisator:in
Teile dein Wissen. Es ist über das Internet ohnehin fast überall verfügbar.

Teilnehmer:in
Bring selbst Ideen & Themen mit ein und werde ebenfalls Organisator:in.

Kathrin Strehlau, Brigitte Berscheid: Online-Teamhacks

So wird's gemacht

Um möglichst wenig Vorbereitungszeit zu investieren, kannst du die Zirkel online als Open-Space-Konferenz organisieren. Als Organisator:in setzt du den Titel/das Oberthema des Termins, die Dauer und die Technik sowie die Anmeldeformalitäten fest und moderierst den Einstieg inkl. der Open-Space-Regeln.

In der Veranstaltung selbst sammelst du mit allen Teilnehmenden die konkreten Themen, die in 2-4 parallelen Sessions und zwei aufeinanderfolgenden Runden stattfinden.

Du kannst auch kurze Impulsvorträge mit anschließenden Open-Space-Elementen mixen. So gelingt der Aufbau von Wissen genau so wie der Austausch zu Anwendungsbeispielen, Hürden, Tipps oder die Generierung neuer Ideen.

Dauer: maximal 4 Stunden
Häufigkeit: je nach Thema 2-4 mal im Jahr

Einsatzmöglichkeiten

▸ Als Austausch zwischen Fachkolleg:innen, die nicht in einem Team arbeiten oder dezentral verteilt sind
▸ Als begleitende Maßnahme im Changemanagement, um gemeinsames Lernen und Weiterentwickeln zu ermöglichen

Geeignete Tools

▸ Video-Conferencing-Tool
▸ Digitales Whiteboard

Tipp

Optional könnt ihr auch externe Plattformen nutzen und euch auch über die Unternehmensgrenzen hinaus austauschen (z.B. mit den Tools: Meetup, Eventbrite).

Mehrwert & Beispiele
für Teams

Mehrwert & Beispiele
für Führungskräfte

▶ Ihr stellt sicher, dass ihr euch nicht nur in eurem „eigenen Saft" dreht, sondern auch immer wieder Impulse von außen bekommt. So sorgt ihr für regemäßige Impulse, entdeckt neue Trends und Gesetze und seid frühzeitig am Puls der Zeit.

▶ Im Austausch mit anderen zu lernen, macht Spaß und ist effizient.

▶ Ihr vernetzt euch, kennt Ansprechpartner:innen für spezielle Fragen und positioniert euch selbst als Spezialist:innen.

▶ Als Führungskraft kommt dir eine besondere Bedeutung zu. In aller Regel bist du nicht mehr in erster Linie Fachkraft. Trotzdem kann es hilfreich sein, Impulse aufzuschnappen und diese im Team weiter zu bearbeiten oder auf Nützlichkeit zu testen. So bietest du deinen Mitarbeitenden die Möglichkeit, sich stetig zu entwickeln: fachlich – und auch methodisch.

- Mit dieser Methode kannst du Mitarbeitende unterschiedlicher Standorte vernetzen und selbstorganisierten Wissensaustausch und Kompetenzaufbau prozessual im Unternehmen etablieren. Du lieferst die Methodik – die Teilnehmenden die Inhalte.
- Es braucht wenig Vor- und Nachbereitungszeit, sowohl für dich als auch für die Teilnehmenden. Das motiviert und sorgt für eine gute Etablierung im Arbeitsalltag.
- Beim Aufbau einer internen Akademie stellt dieser Hack eine willkommene Abwechslung zu klassischen Trainings & Vorträgen dar und fördert die Selbstorganisation.

- Du kannst die Methode nutzen, um dich persönlich weiterzuentwickeln und mit anderen Berater:innen auszutauschen.
- Im Rahmen deiner Beratung von Unternehmen kann der digitale Fachzirkel z.B. nützlich sein, wenn du bei Change-Prozessen unterstützt. Das Fachthema ist dann das jeweilige Change-Thema, z.B. ein neues Programm oder die strukturellen Veränderungen.

Hack 02 #Moderation wechseln für Methodenkompetenz

Diese Frage wird beantwortet

Wie kann ich Online-Moderationskompetenz meines Teams im Arbeitsalltag entwickeln? Um Kompetenzen zu entwickeln, ist es wichtig, neben der Teilnahme an Online-Konferenzen auch eigene Erfahrung in der Moderation zu sammeln. Wie kann ich z.B. darauf reagieren, wenn die Beteiligung während Online-Meetings gering ist, es Technikprobleme gibt oder sich eine hitzige Diskussion ergibt?

Die Lösung

Ihr habt interne Online-Team-Meetings? Dann nutzt die Chance und wechselt euch mit der Moderation ab. Im geschützten Rahmen eures Teams könnt ihr euch gegenseitig Feedback geben und in Meetings mit Kunden oder Geschäftspartnern souverän agieren.

Mindset

Sei offen dafür, dass Kennen nicht gleich Können bedeutet. Auch wenn du schon oft an Online-Meetings teilgenommen hast, kann es sein, dass dir erst bei einer eigenen Moderation auffällt, was du in der neuen Rolle noch nicht kannst.

Erlaube dir und deinen Kolleg:innen, Fehler zu machen und gib unterstützendes Stärken-Feedback.

Heutzutage entwickeln sich Tools rasant weiter. Neue Features und Optionen kommen hinzu oder finden sich plötzlich woanders. Viele Funktionen sind toolübergreifend ähnlich, manche aber doch unterschiedlich. Daher probiert ruhig alle auch öfter unterschiedliche Tools aus, sofern die Sicherheitsvorschriften das zulassen – das fördert automatisch auch eure Methodenkompetenz im Umgang mit verschiedenen Tools.

Kathrin Strehlau, Brigitte Berscheid: Online-Teamhacks

So wird's gemacht

Sammelt im Team wichtige Tipps zur Durchführung von Online-Meetings. Was sind Erfolgsfaktoren und was hat euch persönlich bisher gut gefallen?

Dann wechselt pro Termin die Moderation, sodass jeder einmal einen Termin organisieren, durchführen und nachbereiten kann. Nutzt am Ende eures Meetings 15 Minuten, um euch Feedback zu geben und ergänzt eure Dos and Don'ts für Online-Meetings.

Wenn ihr mögt, könnt ihr das regelmäßig wiederholen und auch eure Erkenntnisse aus der Moderation anderer Meetings und Workshops einfließen lassen. Denn jede Situation ist anders. Es kommt auch oft auf die Teilnehmenden an – wie viel Erfahrung haben die Kollegen mit digitalen Meetings und kennen sie sich bereits untereinander?

Einsatzmöglichkeiten

➤ Als Austausch zwischen Fachkollegen, die nicht in einem Team arbeiten oder dezentral verteilt sind
➤ Als begleitende Maßnahme im Changemanagement, um gemeinsames Lernen und Weiterentwickeln zu ermöglichen

Geeignete Tools

➤ Video-Conferencing-Tool

Tipp

Befragt vor dem Test neuer Tools zunächst eure IT-Abteilung zur IT-Compliance und zur Datensicherheit – auch wenn ihr nur eine Gratis-Testlizenz ausprobiert. Nicht jedes Tool, jede Cloud-Lösung ist z.B. DSGVO-konform oder wird in der EU gehostet.

Mehrwert & Beispiele
für Teams

Mehrwert & Beispiele
für Führungskräfte

⊳ Ihr nutzt den geschützten Rahmen eures Teams, um euch auszuprobieren und aus Fehlern zu lernen. So entdeckt ihr evtl. neue Stärken an euch oder entwickelt mehr Verständnis füreinander, wenn eine Moderation mal nicht so gelungen ist.

⊳ Gerade wenn ihr in eurem Arbeitsalltag sehr unregelmäßig Online-Meetings vereinbart, kann es hilfreich sein, hier Routine aufzubauen. Dann gelingt der Einsatz auch im Einzelfall.

⊳ Du entlastest dich von der Pflicht, immer die Zügel in der Hand zu haben und dich auch um eine gute Vor- und Nachbereitung zu kümmern.

⊳ Außerdem bietest du so deinem Team die Möglichkeit, neue Kompetenzen zu erlernen, auch wenn dadurch das Sachthema evtl. etwas länger dauert.

⊳ Dein Team kann lernen, selbstorganisiert effiziente Meetings durchzuführen und sich auch besser vertreten. Außerdem steht die Welt dann nicht still, wenn du mal nicht verfügbar bist.

Mehrwert & Beispiele
für Personaler:innen

Mehrwert & Beispiele
für Berater:innen

▶ Im Rahmen von Workshops oder Trainings kannst du diese Methode anwenden, um einzelne Themenkomplexe auch von den Teilnehmenden moderieren zu lassen.

▶ So etablierst du gemeinsames Lernen und Erarbeiten von Inhalten und eine Abwechslung für die Teilnehmenden.

▶ Suche dir Netzwerkpartner, die ebenfalls Erfahrungen mit Online-Moderationen sammeln möchten und verknüpft dieses Methodenthema mit einem für euch relevanten inhaltlichen Thema, dann habt ihr zwei Fliegen mit einer Klappe geschlagen.

▶ Dir ist ein Online-Tool noch unbekannt und dein nächstes Meeting bei einem Kunden wird damit sein? Frage deinen Kunden, ob er einen erfahrenen Moderator hat, der dich unterstützen könnte.

▶ Nutze diese Methode in Change-Projekten, damit die Teilnehmenden sich intensiver mit Inhalten auseinandersetzen und sich mehr involvieren.

Hack 03 #Kundenfokus als Methodenkompetenz

Diese Frage wird beantwortet

Wozu gibt es ein Team? Wie kann ein Team den Fokus stärker auf den Nutzen des (internen/externen) Kunden richten? Im Kern gibt es Unternehmen und deren Teams, um die Bedürfnisse eines Kunden zu erfüllen.

Gerade Online-Teams verlieren manchmal diesen Fokus und sehen nur noch die eigenen Aufgaben, die erledigt werden müssen, was häufig zu Überlastung und Demotivation führt, weil neben dem persönlichen Kontakt sowohl das gemeinsame Ziel fehlt als auch eine einheitliche Priorisierung.

Die Lösung

Mithilfe von gemeinsam online erstellten Personas und der Hut-Methode wieder den richtigen Fokus finden: strategisch und operativ.

Mindset

Führungskraft
Beziehe diesen Punkt in deine strategischen Überlegungen mit ein. Wer sind die Kunden deines Teams, deiner Abteilung, deines Bereiches? Sind es interne oder externe Kunden? Sensibilisiere dein Team immer wieder für diesen Blickwinkel und schaffe eine Basis, die du immer wieder auch in andere Unternehmenseinheiten kommunizieren kannst.

Kolleg:innen
Je weiter man ins Detail geht, sieht man oft das große Ganze nicht mehr. Gerade bei Fachexpert:innen passiert es schnell, dass der Fokus auf der Optimierung der eigenen Prozesse liegt oder das Umsetzen persönlicher Qualitätsstandards in den Vordergrund rückt. Unterstützt euch gegenseitig darin, den Fokus immer wieder auf das gemeinsame Ziel und den Kunden zu richten. So bleibt ihr ein Team – statt nebeneinanderher zu arbeiten.

Kathrin Strehlau, Brigitte Berscheid: Online-Teamhacks

So wird's gemacht

Für eine längerfristige, strategische Ausrichtung schafft euch im Team eine Visualisierung zu euren (internen/externen) Kunden. Wer sind eure Kunden und was ist euer Mehrwert?

Nutzt hierfür Personas, um eure Kunden zu beschreiben und euch in diese hineinzuversetzen.

Für die Priorisierung oder Gewichtung von Kunden könnt ihr verschiedene Kennzahlen hinzuziehen, z.B. Umsatz, Wachstumspotenzial, Zuverlässigkeit etc.

Für mehr Kundenfokus im operativen Tagesgeschäft könnt ihr die Hut-Methode anwenden (in Anlehnung an die „6 Hüte" von de Bono). Setzt euch den Kundenhut auf und betrachtet eure Planung aus Sicht des Kunden. Was würde er/sie dazu sagen?

Stellt euch zur Erinnerung z.B. eine Kopfbüste oder Schaufensterpuppe mit Hut ins Büro und gebt ihr einen Namen - das ist euer Kunde.

Einsatzmöglichkeiten

- In Projektteams
- Teams, Abteilungen und Bereiche zur Positionierung

Geeignete Tools

- Video-Conferencing-Tools, in denen Bildschirme geteilt und Meetings aufgezeichnet werden können, z.B. Zoom, Microsoft Teams, GoTo Meeting
- Kollaborations-Tool, z.B. Whiteboard oder Präsentations-Tool

Tipp

Wenn ihr nur auf eure Aufgaben schaut, ist jede für sich genommen immer wichtig. Wenn es im Team eine übergreifende Priorisierung zu den Kunden gibt, fällt es euch auch leichter, eure Aufgaben zu priorisieren.

Mehrwert & Beispiele
für Teams

▷ Ihr habt ein gemeinsames Ziel und stimmt eure Aufgaben, Meetings und persönlichen Ziele darauf ab. Ihr bündelt eure Kraft im Team und könnt diese gezielt einsetzen.

▷ Ihr könnt euch auf die wichtigsten Kunden fokussieren und Aufgaben mit weniger Mehrwert aussortieren. Das schafft Freiraum und schützt vor Überlastung.

▷ Habt ihr einen Mehrwert für eure Kunden geschaffen, dann kommuniziert dies auch ruhig!

Mehrwert & Beispiele
für Führungskräfte

▷ Gerade im mittleren Management hast du als Führungskraft in der „Sandwich-Position" eine besondere Herausforderung: Du „hängst" zwischen den Erwartungen deiner Teammitglieder, deiner Führungskollegen und deinen Führungskräften. Der Fokus auf Kundennutzen und Mehrwert deines Teams für die Erfüllung der Kundenbedürfnisse vereint diese Erwartungen und schafft gemeinsame Ziele. Das erleichtert die Priorisierung und Ausrichtung. Du kannst dich um die wichtigen Aufgaben kümmern und verlierst weniger Zeit in Grabenkämpfen und Nebenkriegsschauplätzen, wo es um Profilierung geht.

Mehrwert & Beispiele
für Personaler:innen

Mehrwert & Beispiele
für Berater:innen

➤ Frage dich: Wer ist dein interner Kunde und welche Bedürfnisse hat dieser bei der Erfüllung der externen Kundenbedürfnisse?

➤ Wie kannst du dein Personalmarketing, deine Personalauswahl und -entwicklungsaufgaben gestalten, um deinem internen Kunden zu ermöglichen, noch effizienter mit seinem externen Kunden zu arbeiten?

➤ Dies verbindet dich mit deinem internen Kunden, und ihr werdet ebenfalls zum Team statt zu Kollegen. Der Vorteil: keine Rechtfertigungsnot, warum es dich gibt – der Nutzen liegt auf der Hand.

➤ Schmaler „Wasserkopf", der das Tagesgeschäft versteht und spürbar Einfluss auf den Unternehmenserfolg nimmt.

➤ Wenn Kund:innen mit vielen Wünschen und Problemstellungen an dich herantreten, kannst du so sehr schnell für eine Fokussierung sorgen und wirksam werden.

➤ Gerade in der Unterstützung von Change-Prozessen ist die Nutzenklärung sowie die Vereinigung verschiedener Erwartungen und Interessengruppen essenziell für den Erfolg. Mit der Ausrichtung auf einen gemeinsamen Kundenfokus gelingt dies.

Hack 04 #Reflexion der Online-Kommunikation mit Retros als Sozialkompetenz

Diese Frage wird beantwortet

Sich gemeinsam im Team weiterzuentwickeln, ist sehr wichtig für Spaß und Erfolg. Für dezentral arbeitende Teams und solche, die auf mehr Online-Teamarbeit umstellen, ist es wichtig, regelmäßig das Verhalten im Team zu reflektieren. Wie kann ein Team die Kommunikation und Zusammenarbeit untereinander reflektieren, um so für mehr Effizienz sowie weniger Missverständnisse und Konflikte zu sorgen?

Die Lösung

Mit einer regelmäßigen Retrospektive (Retro) reflektiert ihr eure Online-Zusammenarbeit sowie Kommunikation und lernt, euch gegenseitig Feedback zu geben. Außerdem findet ihr stärken- und anforderungsgerechte Lösungen für effiziente und motivierende Online-Zusammenarbeit.

Mindset

Führungskraft

Widme diesem wichtigen Aspekt besonderes Augenmerk und unterstütze dein Team darin, sich für dieses Thema Zeit zu nehmen. Geh als positives Beispiel voran und reflektiere auch deine eigene Kommunikation.

Kolleg:innen

Dient euch gegenseitig als Sparringspartner und Feedback-Geber. Was an der Online-Kommunikation ist hilfreich, was fehlt? Wie unterscheidet sich eure Kommunikation? Gibt es Unterschiede, mit wem ihr kommuniziert, z.B. langjährige oder neue Kollegen, mit Kollegen anderer Teams oder Abteilungen, mit der eigenen Führungskraft oder mit Kunden? Welche Tools unterstützen euch, welche rauben euch Zeit?

Kathrin Strehlau, Brigitte Berscheid: Online-Teamhacks

So wird's gemacht

Macht 4 Retros zu eurer Online-Kommunikation:

– Woche 1 „Aktivität": Sammelt gemeinsam, welche Methoden und Tipps ihr kennengelernt habt, die die Aktivität in der Online-Zusammenarbeit unterstützt oder verhindert haben. Erstellt daraus eine „Do and Don't"-Liste

– Woche 2 „Vertrauen durch Nähe schaffen": Integriert in Online-Meetings bewusst 10 Minuten Small Talk, beschreibt eure Umgebung, vereinbart separate virtuelle Kaffeepausen oder Spaziergänge, teilt Online-Pannen und -Highlights

– Woche 3 „Nonverbale Signale": Gebt euch gegenseitig Feedback zur Kameraperspektive, Blickrichtung, Tonqualität, den Lichtverhältnissen, der Kleidung und euren Hintergründen

– Woche 4: „Online-Moderation": Reflektiert eure Team-Meetings in Bezug auf Moderation, Zeitmanagement, Rollenverteilung, Diskussions- oder Entscheidungsfreude, Beteiligung etc.

Einsatzmöglichkeiten

▷ In Abteilungen und Projektteams
▷ Im Vertrieb für Kommunikation mit dem Kunden
▷ Für Projektleitende und in der Führungskräfteentwicklung

Geeignete Tools

▷ Video-Conferencing-Tools
▷ Digitales Whiteboard

Tipp

Mit Humor klappt's besser! Geht das Thema entspannt an und lasst euch überraschen, was für Muster ihr bei euch und anderen entdeckt. Manche Veränderung braucht einfach Zeit!

Mehrwert & Beispiele
für Teams

Mehrwert & Beispiele
für Führungskräfte

⟩ Ihr seid ein Team, das um die Bedeutung von Soft Skills weiß und ihr möchtet euch weiterentwickeln? Dann ist das eine gute Möglichkeit.

⟩ Ihr arbeitet nicht nur an dem Thema Kommunikation, sondern auch an euren Feedback-Fähigkeiten.

⟩ Gönn dir selbst diese fokussierte Kur deiner Kommunikation – einem der mächtigsten Tools als Führungskraft!

⟩ Nutze diese Möglichkeit, damit dein Team sich entwickeln kann und räume ihm die Zeit regelmäßig ein. Hiermit entwickelst du auch Potenzialträger und erkennst neue Stärken in deinem Team.

▶ Du kannst die Kommunikations-Kur als Ergänzung zu Trainings etablieren, um die Umsetzung in Teams zu gewährleisten.

▶ Du kannst das Modell auch intern anbieten, um so die Online-Kommunikation von Teams zu professionalisieren.

▶ Nutze die Kommunikations-Kur, um die Kommunikation mit deinen Kunden zu reflektieren. Wo kannst du besser werden?

▶ Integriere Kommunikations-Themen und Technik-Tipps in deine Veranstaltungen beim Kunden. So erweiterst du verschiedene Kompetenzen.

Hack 05 #Pause mit Achtsamkeit als Persönlichkeitskompetenz

Diese Frage wird beantwortet

Viele beklagen, dass in der Online-Zusammenarbeit noch häufiger ein Meeting das andere jagt: Beitreten – verlassen – beitreten und kaum Zeit für eine Pause, geschweige denn, um sich etwas zu trinken zu holen, etwas zu essen oder einen Termin vor- oder nachzubereiten. Digitalisierung spart zwar Reisezeiten, gleichzeitig erhöht sie häufig Termindichte und ständige Erreichbarkeit. Wie kann ich genügend Pausen in meinen Alltag einbauen und das Stress-Level reduzieren?

Die Lösung

Mit kleinen Übungen zur Achtsamkeit und Selbstfürsorge während und zwischen Terminen fühlst du dich ausgeglichener. Wo früher ein Gang zum nächsten Meeting etwas Abwechslung, Bewegung oder Erholung gebracht hat, braucht es im Online-Terminmarathon höhere Selbstdisziplin und bewusste Integration solcher Pausen und Übungen.

Mindset

Führungskraft

Achtsamkeit ist für dich nicht nur ein weiteres Buzzword. Mag sein, dass der Begriff inzwischen inflationär verwendet wird, nichtsdestotrotz zeigen viele Studien und Berichte, wie wichtig die Kompetenz ist, auf sich selbst zu achten, die eigenen Bedürfnisse zu kennen und sich dafür einzusetzen. Und auch wenn es dir leichtfällt – deinen Teammitgliedern vielleicht nicht. Sei ein Vorbild und biete auch deinem Umfeld Verschnaufpausen.

Team

Nicht alle im Team sehen die Notwendigkeit? Kein Problem – dann lasst sie zunächst zuschauen oder in der Zeit etwas anderes tun. Das Wichtigste hier ist, es herrscht kein Zwang – und umgekehrt bitte auch keine spitzen oder abwertenden Bemerkungen. Pflegt einen respektvollen Umgang untereinander und lasst Unterschiedlichkeit zu.

Kathrin Strehlau, Brigitte Berscheid: Online-Teamhacks

So wird's gemacht

Baue kleine Übungen in deine Pausen, zu Beginn deiner Meetings oder in der Mitte längerer Konferenzen ein.

1. Augenrollen 3x10 Sekunden: 1. Setz dich gerade hin, entspanne Schultern und Kiefer und fixiere den Punkt, der am weitesten von dir entfernt ist. 2. Rolle deine Augen in imaginären, liegenden Achten. 3. Schließe deine Augen und entspanne bewusst.
2. Termin minus 10: Plane deine Termine für 50 statt 60 Minuten – so haben alle ein paar Minuten zwischen zwei Terminen Zeit. Bei 30-minütigen Terminen vereinbare diese von Viertel nach bis Viertel vor.
3. Digital ankommen: Eine Weisheit der indigenen Völker lautet: „Wenn du an einen neuen Ort gelangst, warte. Es braucht Zeit, bis die Seele nachkommt." Gib anderen die Chance, in einem Meeting anzukommen. Frage sie, wo sie gerade sitzen, was sie sehen und wie es ihnen geht (ist z.B. der Nacken verspannt), ob sie noch etwas brauchen und was ihnen für heute wichtig ist. So hat der Kopf Zeit, dem Finger zu folgen und er kann „jetzt teilnehmen".

Einsatzmöglichkeiten

- Als persönliche Routine in kurzen Pausen
- Zu Beginn von und als Abschluss in Meetings
- Als Wake-up-Übung in längeren Konferenzen, Trainings oder Workshops

Geeignete Tools

- Video-Conferencing-Tools

Tipp

Stellt euch zu Beginn Erinnerungen oder bewusst Achtsamkeitstermine in den Kalender ein. Im Team hilft es, wenn ihr vereinbart, dass jeder Pausen einfordern kann. Stellt möglichst alle die Kamera an und wählt die Galerieansicht anstelle vom Sprechermodus. So können auch kleine Impulse wahrgenommen und angesprochen werden.

In manchen Tools (z.B. MS Teams) kann automatisch eingestellt werden, dass Termine kürzer eingestellt werden.

Mehrwert & Beispiele
für Teams

Mehrwert & Beispiele
für Führungskräfte

▶ Erfolgreiche Teams haben neben der Sachaufgabe auch die eigene Teamhygiene im Blick. Gemeinsam achtsam zu sein und über die persönlichen Bedürfnisse zu sprechen, erhöhen Commitment und gegenseitiges Verständnis – ein echter Leistungs-Booster!

▶ Es ist wertvoll, wenn du bei anderen siehst, dass sie überlastet sind oder du ihnen aushilfst, wenn es zu viel wird. Mindestens genau so wichtig ist es, dass du gut für dich selbst sorgst und weißt, was du wann an Erholung oder freier Nachdenkzeit für dich brauchst. Dann haben Kreativität und Flexibilität mehr Freiraum. So steigen Stimmung und Leistungsfähigkeit.

▶ Als Führungskraft hast du nicht nur dir gegenüber eine Verantwortung, sondern auch deinem Team gegenüber. Vielleicht werden andere Personen schneller müde durch Bildschirmarbeit. Jeder Typ ist anders. Dich auf diese Unterschiedlichkeit einzustellen und unterschiedliche Varianten der Online-Zusammenarbeit mit deinem Team zu finden, nutzt dir auch in anderen Führungssituationen.

Mehrwert & Beispiele
für Personaler:innen

- Vielleicht spielt das Thema Resilienz oder Gesundheitsmanagement in deiner Organisation eine Rolle. Hier kann das Thema Achtsamkeit sehr gut integriert werden.
- Auch in der Führungskräfteentwicklung kannst du es mit kleinen praxistauglichen Tipps einfließen lassen – erst für die Führungskräfte persönlich und darauf aufbauend auch als Multiplikatoren für deren Teams.
- In deiner Organisation gibt es interne Kommunikationsmedien wie Zeitschriften oder digitale Info-Plattformen? Dann kannst du auch diese für Impuls-Reihen nutzen.
- Als Moderator:in in Trainings oder Workshops kannst du die Übungen selbst als Wake-up einsetzen.

Mehrwert & Beispiele
für Berater:innen

- Du hast die Möglichkeit, Teilnehmenden deiner Workshops oder Trainings Oasen der Ruhe und Entschleunigung zu schenken. Nutze diesen Freifahrtschein für ungewöhnliche Übungen und besondere Momente. Auch wenn die erste Reaktion vielleicht keine Begeisterung ist, die Erfahrung zeigt, dass das Gegenüber im Anschluss froh ist.
- Du kannst z.B. auch in Diskussionen auf „achtsames Zuhören" Wert legen: Wie war die Tonlage, die Sprechgeschwindigkeit, die Wortwahl? Auch das hilft, im Hier und Jetzt zu sein und nicht schon drei Schritte im Voraus zu denken.
- Nutze die Gelegenheit, immer wieder zu fragen, ob noch alle an Bord sind, ob Pausen nötig sind, und achte auf nonverbale Signale. Online muss ca. 2-mal mehr gefragt werden als in Präsenzveranstaltungen.
- Nutze die Tipps für dich selbst, denn entspannte Berater:innen tun auch den Kunden gut.

Kathrin Strehlau, Brigitte Berscheid: Online-Teamhacks

Online-Teamentwicklung

Bei der Umstellung von Büroarbeit hin zu Online-Zusammenarbeit zeigt sich, wie geübt Teams darin sind, sich selbst weiterzuentwickeln.

Gerade bei langjährigen Teams wird unterschätzt, dass es neben den Fach- und Sachaufgaben auch um die Arbeit am Team geht und die Klärung der eigenen Selbstorganisation.

Das Phasenmodell von Tuckmann hilft, neue Arbeitsweisen, Abstimmungen und den Umgang miteinander zu klären.

Es häufen sich Konflikte und die Zusammenarbeit hakt? Dann ist es Zeit, die eigene Zusammenarbeit zu reflektieren.

Dieses Kapitel orientiert sich an den verschiedenen Teamphasen, sodass je nach Situation des Teams der passende Hack zur Unterstützung herangezogen werden kann:

1. **Forming:** Orientierungsphase mit Team-Canvas: Wie wollen wir unsere Online-Zusammenarbeit gestalten?
2. **Storming:** Auseinandersetzungsphase mit Bildern & Satzanfängen: Welche Erwartungen, Erfahrungen & Einstellungen gibt es?
3. **Norming:** Regelungsphase mit Stärken- & Rollenfokus: Wer kann was und wer übernimmt was?
4. **Performing:** Arbeitsphase mit Konsent: Wie entscheiden wir schnell & effizient?
5. **Adjourning:** Auflösungsphase – 5-Finger-Retro: Was wird uns fehlen und was lernen wir aus der gemeinsamen Zeit, das uns für die Zukunft nutzt?

Hack 01 #Transparenz in der Forming-Phase mit Team-Canvas

Diese Frage wird beantwortet

Teammitglieder haben in der Regel unterschiedliche Erwartungen an die Zusammenarbeit. Wer übernimmt im Team welche Rolle, welche Tools und Vereinbarungen werden getroffen? Wie wird mit Projekten oder unterschiedlichen Lebenssituationen umgegangen? Gerade, wenn sich Teams aufgrund von Wachstum oder geänderten Rahmenbedingungen mit neuen Kommunikationswegen beschäftigen, lohnt ein Blick auf Gemeinsamkeiten und Unterschiede.

Die Lösung

Mithilfe des Team-Canvas kann sich das Team in einem gemeinsamen Workshop über den Fokus, genutzte Frameworks und Ziele austauschen und eine gemeinsame Basis herstellen.

Mindset

Führungskraft

Sei offen für Gespräche zu diesen Themen. Wie oft haben wir schon erlebt, dass zwar alle Beteiligten Ziele, Rollen und Prozesse im Kopf haben, aber diese sich nicht unbedingt in der Ausgestaltung decken müssen. Vorsicht bei Schlagworten! Frage nach, was dein Gegenüber darunter versteht und sprecht über Beispiele.

Team

Häufig haben deine Kolleg:innen andere Vorstellungen, Ideen oder Erwartungen. Auch wenn ihr die gleiche Jobbezeichnung teilt, arbeitet jeder aufgrund seiner Persönlichkeit und Erfahrungen etwas anders. Ersetze „Der/die weiß doch, was seine/ihre Aufgaben sind" durch „Wie verstehst du deine Aufgabe?". Du wünscht dir Ehrlichkeit? Zuverlässigkeit? Dann beschreibe auch, was du darunter verstehst und welches Verhalten dazu beiträgt.

Kathrin Strehlau, Brigitte Berscheid: Online-Teamhacks

So wird's gemacht

Vereinbart einen gemeinsamen Online-Workshoptermin und nehmt euch als Basis ein Team-Canvas. Fangt in der Mitte an: „Wir in einem Satz" und arbeitet euch dann nach und nach durch die weiteren Themen der Ziele, Stärken, Frameworks etc.

Schritt 1: Jeder macht sich 3 Minuten selbst Notizen.

Schritt 2: Jeder stellt seine Notizen vor, die anderen können Fragen stellen.

Schritt 3: Sammelt zuerst Gemeinsamkeiten und schreibt diese in die Felder. Dann fokussiert Unterschiede – könnt ihr euch einigen oder möchtet ihr Varianten festhalten?

Ergänzt eure Schlagworte durch Beispiele, Situationen oder positive Verhaltensweisen. Darüber tauscht ihr eure Perspektiven aus.

Einsatzmöglichkeiten

➤ Wenn ein Team erstmalig zusammenkommt
➤ Bei der Einarbeitung neuer Teammitglieder als Orientierung und Ergänzung
➤ Wenn sich Rahmenbedingungen für das Team oder einzelne Personen ändern (z.B. Elternzeit, Homeoffice, Remote Work etc.)

Geeignete Tools

➤ Video-Conferencing-Tools, in denen Bildschirme geteilt und Meetings aufgezeichnet werden können, z.B. Zoom, Microsoft Teams, GoTo Meeting
➤ Kollaborations-Tools, z.B. Whiteboard oder Präsentations-Tools

Tipp

Schaut in regelmäßigen Abständen auf das Team-Canvas und besprecht Veränderungen. So bleibt ihr im Bilde, was euch wichtig ist und ob es andere Vereinbarungen braucht.

Mehrwert & Beispiele
für Teams

Mehrwert & Beispiele
für Führungskräfte

- Ihr gleicht euer Verständnis von bestimmten Themen ab, findet Gemeinsamkeiten und Unterschiede. So könnt ihr besprechen, wie ihr eure Zusammenarbeit gestalten wollt und habt eine gemeinsame Basis – unverzichtbar für Motivation und gute Ergebnisse im Team!
- Mehr Verständnis für Unterschiede – dadurch weniger Konflikte.

- Nutze das Team-Canvas, um dein Team besser kennenzulernen. Wer hat welche Erwartungen und Erfahrungen?
- Schnellere Einarbeitung neuer Teammitglieder und mehr Teamgefühl.

Mehrwert & Beispiele
für Personaler:innen

Mehrwert & Beispiele
für Berater:innen

⧄ Gestaltet euer eigenes, unternehmens-spezifisches Team-Canvas als festen Bestandteil für die Einarbeitung in Teams oder für die Zusammenstellung von Projektteams.

⧄ Ihr könnt das Canvas um allgemeine Unternehmensziele (Vision/Mission/Leitlinien) anreichern, so finden diese immer wieder Einzug in den Arbeitsalltag und sind keine hohlen Floskeln auf der Homepage, sondern werden mit Leben gefüllt.

⧄ In Change-Projekten kannst du das Team-Canvas nutzen, um ein Change-Team aufzustellen.

⧄ In Workshops kannst du es verwenden, um dir Veränderungen anzusehen – wie sieht das Team-Canvas heute aus und wie, wenn die Veränderung umgesetzt ist? Ändern sich Rollen oder Frameworks?

⧄ So erkennst du wichtige Änderungen, die im Change-Prozess relevant sind und unterstützt das Team darin, sich mit den Veränderungen im Detail zu beschäftigen, die Auswirkungen auf die eigene Arbeit zu erkennen und ihnen zu begegnen.

⧄ Bei der Einführung von Office-Anwendungen wie etwa MS 365 ist es sehr sinnvoll, Vereinbarungen darüber zu treffen, wie die neuen Kommunikationskanäle „Chat" und „Beiträge" in Kombination mit E-Mails verwendet werden.

Hack 02 #Kennenlernen in der Storming-Phase mit Bildern & Satzanfängen

Diese Frage wird beantwortet

Euer Team befindet sich in einer Storming-Phase und es kommt immer mal wieder zu kleinen Streitereien, genervten Blicken oder Rückzugsverhalten? Dann nutze die Gelegenheit zum Blick hinter die Kulissen: Wie beeinflussen unsere Haltung, Stimmung und unser Mindset die Zusammenarbeit im Team? Welche digitalen Arbeitsbedingungen motivieren, welche Erwartungen haben Teammitglieder?

Die Lösung

Mithilfe von Bildern & Satzanfängen werden Gewohnheiten, unbewusste Erwartungen, Glaubenssätze und das Mindset bewusst. Unterschiede und Gemeinsamkeiten werden deutlich und können zur Konfliktlösung eingesetzt werden.

Mindset

Führungskraft

Achte sensibel auf erste Anzeichen von Konflikten im Team. Dies können kleine Spitzen unter Kolleg:innen sein, rollende Augen in Teambesprechungen oder auch das Ausbleiben von Kommunikation.

Team

Dir geht ein Mitglied auf die Nerven? Dann fang bei dir selbst an. Was an dem Verhalten stört dich und warum? Kennst du das Verhalten von anderen Personen aus deiner Vergangenheit? Gibt es etwas an der Person oder dem Verhalten, was du lernen kannst? Meistens haben solche Situationen mehr mit uns und unseren Erfahrungen zu tun als mit dem Gegenüber. Du wünschst dir ein anderes Verhalten? Dann sprich es an und findet gemeinsam eine Lösung. Lästern ist tabu – auch schriftlich im Chat. Du erkennst das Verhalten bei anderen? Dann motiviere deine Kolleg:innen zum direkten Austausch.

Kathrin Strehlau, Brigitte Berscheid: Online-Teamhacks

So wird's gemacht

Vereinbart ein Online-Meeting (ca. 2 Std.)

1. Findet eine Überschrift zu dem Thema, bei dem es knirscht, z.B. die Umstellung auf digitale Zusammenarbeit
2. Nutzt eine Bildercollage aus der jede/-r im Team ein Bild auswählt, das die jetzige Situation für ihn/sie persönlich am besten beschreibt bzw. wie er/sie sich in Bezug auf dieses Thema fühlt. Als Leitfrage kann dienen: „Wenn ich an das Thema ‚digitale Zusammenarbeit' denke, passt dieses Bild am besten, weil …" Jeder beschreibt der Reihe nach, warum das Gefühl so da ist und was es auslöst.
3. Nun beendet jede/r schriftlich den Satz „Digitale Zusammenarbeit' ist für mich hilfreich, wenn …" Jede/r stellt das der Reihe nach vor, Verständnisfragen können gestellt werden.
4. Vereinbart eine gemeinsame neue Vorgehensweise, mit der alle einverstanden sind und probiert sie aus. Nach 4-6 Wochen reflektiert die Veränderung und passt sie ggf. an.

Einsatzmöglichkeiten

- ❯ Ein Team, das sich in einer Storming-Phase befindet
- ❯ Teams, die mehr digitale Tools nutzen, um zusammenzuarbeiten
- ❯ Teams, die mehr dezentral arbeiten

Geeignete Tools

- ❯ Video-Conferencing-Tools
- ❯ Digitales Whiteboard

Tipp

Seid sensibel für kleine Veränderungen im gemeinsamen Umgang untereinander. Sprecht frühzeitig über Mücken und „beseitigt" sie, bevor ein Elefant mit am Tisch sitzt.

- Ihr lernt, regelmäßig und frühzeitig eure Konflikte selbst zu klären, bevor sie sich verhärten.
- Ihr stärkt ein offenes, respektvolles Miteinander und seid offen für Vielfalt – jeder Mensch hat andere rote Knöpfe.
- Ihr schult eure Sensibilität für zwischenmenschliche Störungen und könnt dies auch im Umgang mit anderen Kolleg:innen, Kunden oder Geschäftspartnern einsetzen.

- Du wirst nicht in jeden Konflikt involviert.
- Dein Team lernt, sich selbst zu helfen.
- Du lernst dein Team besser kennen und kannst dies für künftige Einstellungen berücksichtigen.

<table>
<tr><td>

- Du kannst schrittweise vorgehen – z.B. 1-2-mal selbst diese Moderation durchführen, dann übernimmt das Team.
- Du kannst dir externe Konfliktmoderationen aufheben für Fälle, die verhärtet sind und nicht mehr aus eigener Kraft gelöst werden können.
- Du etablierst im Unternehmen Kompetenzen zur Konfliktlösung.

</td><td>

- Du kannst diese Methode nutzen, wenn du das Gefühl hast, dass das Team im Rahmen einer Teamentwicklung oder eines Change-Prozesses uneinig ist oder sehr unterschiedlich tickt.
- Du lernst viel über die roten Knöpfe und verborgenen Haltungen von Teilnehmer:innen und kannst diese nutzen.
- Du kannst die Methode auch nutzen, wenn du das Gefühl hast, dass in der Zusammenarbeit mit dir etwas nicht rund läuft.

</td></tr>
</table>

Hack 03 #Verantwortung klären in der Norming-Phase mit Stärken & Rollen

Diese Frage wird beantwortet

Was muss ein Team regeln, damit die Remote-Zusammenarbeit gut funktioniert und der Übergang in die Performing-Phase möglichst effizient gelingt? Wie kann Verantwortung sinnvoll geteilt und somit Aktivität gefördert werden?

Die Lösung

Stärkenfokus und Rollenklarheit: Wenn Menschen tun, was ihre Leidenschaft ist und was sie am besten können, brauchen sie keine Motivations-Vorturner. Statt sich hinter Positions-Gleichmacherei zu verstecken, werden Rollen geklärt. Denn die Position „Führungskraft" oder „Projektleitung" kann je nach Stärken und Präferenzen und abhängig von der Teamkonstellation unterschiedlich gelebt werden – auch wenn es organisatorische Rahmenbedingungen gibt, die es einzuhalten gilt.

Mindset

Führungskraft

Hast du schon deinen eigenen Führungsstil entdeckt oder läufst du immer noch einer postulierten Best-Practice-Führungsvorstellung hinterher? Glaubst du, gute Projektmanager müssen immer strukturiert sein? Mach dich frei von diesen Box-Gedanken und schau dir Teamkonstellationen genauer an.

Team

Dein Team besteht aus unterschiedlichen Persönlichkeiten & Arbeitsweisen? Super, dann entdecke die Besonderheiten deiner Teammitglieder und schau, wie ihr eure Stärken verbinden könnt. Du bist ein Detailfuchser und dir fällt jeder Fehler auf, während die anderen eher das große Ganze im Blick haben? Super, dann besprecht doch im Team, ob du die Endkontrollen und den Feinschliff übernehmen kannst. Versuche nicht, den anderen deine dir selbstverständlich vorkommende Stärke überzustülpen.

Kathrin Strehlau, Brigitte Berscheid: Online-Teamhacks

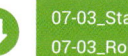

So wird's gemacht

Stärken-Canvas

1. Stärken-Canvas ausfüllen (jeder für sich).
2. Stärken im Team teilen: Jedes Mitglied stellt das eigene Stärken-Canvas vor, andere können Stärken ergänzen und schenken.
3. Abgleich Stärken & Aufgaben: Besprecht (online) im Team, welche Stärken für welche Aufgaben (z.B. Online-Zusammenarbeit) hilfreich sind und wie ihr die Aufgaben passend zu euren Stärken am besten verteilen könnt.
4. Muss eine Person eine Aufgabe von A-Z machen? Vielleicht könnt ihr euch aufteilen: Entwurf, Feinschliff und Kommunikation.

Rollen

1. Überlegt euch, wer im Team welche Rolle erfüllen kann, für Anlässe oder allgemein im Team.
2. Jeder kann sich eine Rolle pro Meeting, für einen Zeitraum oder grundsätzlich wählen. Verantwortung wird geteilt und alle Teammitglieder aktiv eingebunden (z.B. muss ein/e Meeting-Moderator:in nicht gleichzeitig auch Zeitwächter:in sein).

Einsatzmöglichkeiten

➤ Teams, die sich neu bilden oder wachsen (dauerhaft oder auch in Projekten)
➤ Für die Auswahl neuer Teammitglieder
➤ Bei der Umstellung auf digitale Tools oder Methoden

Geeignete Tools

➤ Video-Conferencing-Tools
➤ Digitales Whiteboard

Tipp

Seid offen dafür, euch im Team richtig kennenzulernen und gemeinsam eure Form der Zusammenarbeit festzulegen. Rollen der Stärke entsprechend zu wählen, ist effizient – nutzt ungewohnte Rollen auch als Entwicklungsmöglichkeit und sammelt neue Erfahrungen.

Mehrwert & Beispiele
für Teams

Mehrwert & Beispiele
für Führungskräfte

▶ Ein Fokus auf Stärken zeigt, was möglich ist und bezieht sich weniger auf das, was jemand nicht kann. Das wirkt automatisch motivierend.

▶ Menschen sind unterschiedlich – gutes Projektmanagement kann mit verschiedenen Stärken erreicht werden.

▶ Nützlich bei der Auswahl von (Projekt-)Teammitgliedern, zu Beginn eines Projektes oder wenn zwischendurch Personen neu hinzukommen.

▶ Die beste Performance erreichst du im Team, wenn du die einzelnen Mitglieder entsprechend ihren Stärken einsetzt.

▶ Schau dir deine Teammitglieder genau an. Evtl. entwickeln sich Stärken und Vorlieben auch mit der Zeit.

▶ Nutze dieses Vorgehen zur Personalauswahl oder für Projektbesetzungen.

▶ Ein Einsatz nach Stärken wirkt wie eine Motivationsspritze – dann brauchst du weniger Incentives.

▶ Nutze den Stärkenfokus auch in der Personalauswahl.

▶ Benenne in Stellenausschreibungen neben den fachlichen Kompetenzen auch andere gebrauchte Stärken.

▶ Achte auf die Stärkenkombinationen in Teams.

▶ Für Teamentwicklungen nutzbar.

▶ In Change-Projekten bei der Besetzung eines Change-Teams oder für passende Multiplikatoren geeignet.

▶ In Teamentwicklungen sorgt der Fokus für mehr gegenseitiges Verständnis.

▶ In Trainings förderlich für die Art der Wissensvermittlung und des Lernens.

Hack 04 #Effizienz in der Performing-Phase durch Konsent-Entscheidung

Diese Frage wird beantwortet

Projekte und Meetings werden unnötig lang, weil ewig diskutiert wird und es keine oder späte Entscheidungen gibt. Frustration, Demotivation und Verschiebungen von Deadlines sind oft die Folge. Weil Wert auf Commitment und Mitbestimmung gelegt wird, wird jeder gefragt. Wie kann ich schnell zu Entscheidungen kommen und online für Beteiligung sorgen, ohne jeden zu Wort kommen lassen zu müssen?

Die Lösung

Konsent statt Konsens! Hier legt ihr den Fokus auf begründete Bedenken statt auf Einigkeit. Online könnt ihr diese Methode vor allem auch deshalb gut nutzen, weil sie mit Handzeichen und Symbolen unterstützt werden kann. So bekommt ihr schnell einen Überblick und diskutiert nur wesentliche Punkte statt Grundsätze.

Mindset

Führungskraft

Oft gibt es ein Missverständnis zwischen der Führungskraft und den Teammitgliedern. Die Führungskraft möchte nicht zu direktiv sein, gleichzeitig wünscht sich das Team mehr Klarheit & schnelle Entscheidungen. Sprich mit deinem Team darüber und klärt gemeinsam die gegenseitigen Wünsche und Bedürfnisse.

Team

Akzeptiert, dass es unterschiedliche Meinungen geben kann und gleichzeitig eine Entscheidung wichtig ist. Die schlechteste Entscheidung ist die, die nicht getroffen wird. Ihr könnt ja jederzeit noch mal nachbessern. Und je nach Tragweite der Entscheidung könnt ihr euch auch Unterstützung von Expert:innen holen. Ihr hättet ein Thema anders aufbereitet oder empfehlt etwas anderes? Okay, doch unterstützt euer Team und stellt euch nicht quer.

Kathrin Strehlau, Brigitte Berscheid: Online-Teamhacks

So wird's gemacht

Das Konsentverfahren kann vor allem online und in selbstorganisierten Teams Entscheidungen beschleunigen:

1. Statt „Wer ist dafür", langwierigen Diskussionen und dem Austausch von Argumenten (wie im Konsensverfahren) gibt es die Frage: „Hat jemand ernsthafte Bedenken?" Diese Frage richtet den Fokus auf Machbarkeit statt auf Meinungen.
2. Nutzt dafür zunächst als Signal ein Handzeichen
   - Daumen hoch = ich bin einverstanden
   - Handfläche nach unten = nicht begeistert aber okay
   - offene Handfläche nach oben = ich biete eine andere Perspektive an und äußere Bedenken
3. Es gibt keine anderen Bedenken? Super, dann geht's los!
4. Es gibt Bedenken, dann nehmt sie ernst! Sammelt sie, klärt Fragen und überlegt euch gemeinsam Wege zur Verbesserung (z.B. mit Testläufen, Informationsschleifen, Anpassung des Vorschlags).

Einsatzmöglichkeiten

- In Teams, die regelmäßig Entscheidungen treffen
- Wenn Meetings und Entscheidungen zu lange dauern
- In Entscheidungssituationen mit anderen Fachbereichen oder Führungskräften

Geeignete Tools

- Video-Conferencing-Tools & digitales Whiteboard

Tipp

Seid aufmerksam für langwierige Meinungs-Battles und dadurch verschleppte Entscheidungen. Sprecht diese an und schlagt neue Methoden der Entscheidungsfindung vor.

Mehrwert & Beispiele
für Teams

Mehrwert & Beispiele
für Führungskräfte

➤ Nutzt diese Möglichkeit, um die Expertise eurer Teammitglieder zu nutzen – wertvolle Einwände & Bedenken schützen euch vor Fehlentscheidungen.

➤ Probiert die Methode ein paar Mal aus, evtl. braucht ihr etwas Übung.

➤ Nutzt die Konsent-Entscheidung z.B. in eueren Führungsrunden mit anderen Führungskräften, für Entscheidungen im Team oder auch mit anderen Fachbereichen und Geschäftspartnern oder Kunden.

➤ Diese Form der Entscheidungsfindung hat weniger die Mehrheit im Blick, sie stellt vielmehr die Lösungsorientierung in den Mittelpunkt und sorgt damit für Dynamik.

- Wenn du Entscheidungsvorlagen vorbereitest und dann in Gremien oder vor der Geschäftsführung vorstellst, erleichterst du so die Entscheidungsfindung.
- Du vermeidest viele Vorschläge wie: „Man hätte es auch so machen können" und legst den Fokus auf Umsetzung statt auf noch mehr Planung und Vorbereitung.

- In komplexen Change-Prozessen kann dies eine sehr hilfreiche Variante sein. Denn gerade in unvorhersehbaren und vielschichtigen Situationen ist die Entscheidungsfindung sehr anspruchsvoll.
- So wird der Fokus auf das Machbare gelegt und es werden nur ernsthafte Bedenken dazu herangezogen, eine Veränderung noch zu optimieren.

Hack 05 #Reflexion in der Adjourning-Phase mit 5-Finger-Retro

Diese Frage wird beantwortet

Normalerweise bezieht sich das Adjourning auf den Ausstieg von Teammitgliedern. Es kann aber ebenfalls dienlich sein, bei Entwicklungsprozessen in Teams, z.B. wenn auf digitale & dezentrale Teamarbeit umgestellt wird: Was wird uns mit einer neuen Methodik/dem neuen Prozess oder Tool fehlen, das uns vorher nützlich war oder gut gefiel? Welche Chancen birgt die Veränderung?

Die Lösung

Macht ein Adjourning-Meeting mit der 5-Finger-Retro. Hier könnt ihr sowohl wichtige Informationen und Tipps für die Zukunft sammeln als auch einen emotionalen Abschluss finden. Denn jeder Weggang & jede Veränderung ist auch mit Loslassen verbunden.

Mindset

Führungskraft

Nutze die Erfahrung der Vergangenheit für die Gestaltung der Zukunft und gib dir und deinem Team Zeit zur Reflexion von positiven und negativen Aspekten. Räume dir und deinem Team Zeit ein, mit der neuen Situation vertraut zu werden und neue, optimale Vorgehensweisen zu entwickeln. Mit einem bewussten „Loslassen" bisheriger Routinen und Vorgehensweisen wird Platz für Neues geschaffen.

Team

Ihr seht in einem Wechsel vor allem Mehrarbeit, die auf euch zukommt und die Nachteile, die dies mit sich bringt? Ablehnung ist nachvollziehbar, denn der Mensch ist ein Gewohnheitstier. Ihr habt es in der Hand, wie ihr mit diesem unbewussten Impuls umgeht und ihn bewusst in positive Bahnen lenken könnt. Emotionales Entrümpeln löst Energie aus: Der erste Schritt ist schwer, das Gefühl danach befreiend.

Kathrin Strehlau, Brigitte Berscheid: Online-Teamhacks

07-05_5-Finger_Vorlage.docx

So wird's gemacht

Gemeinsamer Online-Reflexionstermin im Team zum Thema Online-Zusammenarbeit mit der 5-Finger-Retro-Methode (1 Stunde)

1. Daumen: Das war richtig gut, das sollten wir beibehalten
2. Zeigefinger: Darauf sollten wir bei der neuen Vorgehensweise achten
3. Mittelfinger: Das werden wir nicht vermissen und stellt eine Chance dar
4. Ringfinger: Diese Zusammenhänge (zu anderen Programmen, Meetings, Personen) gilt es zu beachten
5. Kleiner Finger: Das ist bisher zu kurz gekommen

Abschluss als Blitzlicht: Jedes Teammitglied schließt mit einem Satz: „Danke für … jetzt freue ich mich auf …"

Einsatzmöglichkeiten

- Bei der Umstellung von persönlicher zu digitaler Teamarbeit
- Bei Personalwechseln (z.B. im Team, bei Führungskräften aufgrund von Elternzeit, Sabbatical, Kündigung oder Wechsel)
- Nach Abschluss eines Projekts, wenn das Team sich wieder auflöst

Geeignete Tools

- Video-Conferencing-Tools
- Digitales Whiteboard

Tipp

Nutzt die Gelegenheit, auf das Positive zu schauen und auch auf die Chancen – mit einem neuen Teammitglied, einem neuen Prozess oder Tool können auch Routinen hinterfragt werden.

Mehrwert & Beispiele
für Teams

Mehrwert & Beispiele
für Führungskräfte

⟩ Setzt diese Methode ein, um die Expertise eurer Teammitglieder zu nutzen – wertvolle Einwände & Bedenken schützen euch vor Fehlentscheidungen.

⟩ Wenn ihr bisher lieb gewonnene Gewohnheiten verändert, z.B. wenn ihr durch einen Umzug in ein anderes Gebäude nicht mehr in die Kantine könnt.

⟩ Wenn ihr neue Prozesse oder Tools nutzen sollt.

⟩ Probiert die Methode ein paar Mal aus, evtl. braucht ihr etwas Übung.

⟩ Wenn du selbst wechselst und neu als Führungskraft in ein Team kommst.

⟩ Wenn Personen dein Team verlassen oder neu hinzukommen.

⟩ Bei Veränderungen von Tools, Prozessen oder Methoden.

Kathrin Strehlau, Brigitte Berscheid: Online-Teamhacks

▶ In der Zusammenarbeit mit Fachbereichen, wenn du zentral über die Personalabteilung neue Methoden oder Tools einführst.

▶ Du kannst das in Führungskräfte-Entwicklungsworkshops integrieren oder auch in einzelne Schulungstermine.

▶ Wenn du in Teams arbeitest und neue Prozesse, Methoden oder Tools einführen sollst – und du Vorbehalte in der Gruppe wahrnimmst.

▶ Beim Abschluss eines deiner Projekte im Unternehmen.

Kathrin Strehlau, Brigitte Berscheid: Online-Teamhacks

Online-Krisenmanagement

Konflikte und Krisen sind Sand im Getriebe der Zusammenarbeit. Sie kommen in jedem Team vor – natürlich auch im Online-Team.

Krisen können aus ganz unterschiedlichen Gründen auftreten, gerade in der Online-Zusammenarbeit sind sie häufig länger unsichtbar, bis sie sich in einem Konflikt „entladen". Das liegt daran, dass es nach Online-Terminen häufig keine informellen Gespräche gibt und weniger nonverbale Signale zur Verfügung stehen.

Folgende Hacks bieten Klärungsansätze für kleinere Krisen, damit aus Mücken keine Elefanten werden:

➤ Ziele synchronisieren: Bei schlechter Erreichbarkeit, unterschiedlicher Priorisierung sowie regelmäßigen Verspätungen von Aufgaben
➤ Unterschiede als Power nutzen: Bei unterschiedlichen Arbeitsweisen
➤ Wanderndes Spotlight: Bei Teams, die sich noch kennenlernen und Vertrauen aufbauen
➤ Dialogspaziergang: Bei Sticheleien und Konflikten in Meetings
➤ Kopfstandmethode: Bei Widerständen und Einwänden

Hack 01 #Transparenz von Zielen

❓ Diese Frage wird beantwortet

Bei dezentralen Teams ist es häufig schwieriger, ein gemeinsames Commitment zu erzeugen, da informelle Gespräche weniger üblich werden. Außerdem kann es aufgrund regionaler und kultureller Unterschiede zu Missverständnissen kommen. Die Folgen: unerledigte Aufgaben, unterschiedliche Priorisierung oder schlechte Erreichbarkeit der Teammitglieder. Wie kann eine gemeinsame Ausrichtung erfolgen, auch wenn die Teammitglieder z.B. aus unterschiedlichen Einheiten kommen und unterschiedliche Vorkenntnisse haben?

Die Lösung

Trennt Teamziele und persönliche Ziele. Was steht (vertraglich) fest und was interpretiert ihr? Reflektiert eure Teamziele, hier solltet ihr einig sein, bei den persönlichen Zielen ist Unterschiedlichkeit möglich, es sollten nur die Auswirkungen geklärt sein.

Mindset

Auftraggeber:in (z.B. Geschäftsführer:in oder Personaler:in)
Verlass dich nicht darauf, dass eine Mail oder eine Präsentation mit formulierten Zielen von allen gleich verstanden wird. Ein Gespräch darüber, was jeder darunter versteht und wie das Ergebnis aussehen soll, hilft, ein gemeinsames Verständnis zu bilden.

Teilnehmende
Du ärgerst dich, dass deine Kolleg:innen Aufgaben anders angehen, weniger Zeit investieren oder alles zu wichtig nehmen und Druck aufbauen? Frage danach, warum ihnen das so wichtig ist und warum sie so handeln. Dann teile auch dein Warum mit.

Kolleg:innen
Du merkst, dass sich ein Teammitglied immer wieder ärgert? Interessiere dich dafür und wertschätze den Ärger als Zeichen, dass etwas sehr wichtig ist.

Kathrin Strehlau, Brigitte Berscheid: Online-Teamhacks

So wird's gemacht

Arbeitet gemeinsam auf dem digitalen Whiteboard:

Schritt 1: Sammelt die Arbeitsziele (ausgegebene Unternehmensziele, Passagen aus Verträgen mit Kunden oder aus dem Projekt-Canvas) und visualisiert diese. Reflektiert dann gemeinsam, was jeder Einzelne darunter versteht und woran ihr erkennt, dass diese Ziele erreicht sind. Was für ein Ergebnis soll gemeinsam erreicht werden? Was kann man bei Erreichung sehen/hören/anfassen/erleben?

Schritt 2: Stellt euch eure persönlichen Ziele gegenseitig vor: Wann arbeitet jemand gerne? Wann war ein Tag erfolgreich? Welche anderen Aufgaben sind gerade noch in der Bearbeitung? Die Antworten können sehr unterschiedlich ausfallen und Hinweise auf Einsatz und Erreichbarkeit liefern.

Schritt 3: Diskutiert, wie sich diese persönlichen Ziele auf die Teamziele auswirken können, wo es Stolpersteine gibt und wie ihr diesen begegnen könnt.

Einsatzmöglichkeiten

> Bei Projektstart
> Regelmäßig in Teams und Abteilungen
> Als Analyse bei Teamkonflikten, um zu schauen, ob die Basis tragfähig ist.

Geeignete Tools & Methoden

> Video-Conferencing-Tools
> Digitales Whiteboard

Tipp

Weg von Floskeln, Interpretationen und Buzzwords, hin zu erlebbaren, sichtbaren Verhaltensweisen und Ergebnissen.

Mehrwert & Beispiele
für Teams

Mehrwert & Beispiele
für Führungskräfte

- Ihr reflektiert eure persönlichen Ziele: Was ist euch wichtig?
- Ihr erhaltet einen Einblick, was anderen wichtig ist und warum sie sich in bestimmten Situationen so verhalten.
- Ihr entlastet euch. Häufig machen persönliche Interpretationen und Erwartungen die Erreichung eines Ziels schwieriger, als der eigentliche Auftrag ist.
- Ihr nutzt Konflikte als Hinweis, dass Dinge zwischen euch im Team vielleicht noch ungeklärt sind.

- Findet dieser Austausch auch hierarchieübergreifend statt, sorgst du mit diesem Hack für mehr gegenseitiges Verständnis. Außerdem werden so die erwarteten Ergebnisse abgeglichen und späterer Enttäuschung oder Nacharbeiten vorgebeugt.
- Du lernst dein Team besser kennen und verstehst, was wem wichtig ist und was jeden Einzelnen motiviert und demotiviert.
- Häufig ist es in Teams nicht ausschlaggebend, dass alle gleich behandelt werden, um sich gerecht behandelt zu fühlen, sondern das die individuellen Wünsche beachtet und für alle sinnvolle Lösungen gefunden werden.

Mehrwert & Beispiele
für Personaler:innen

Mehrwert & Beispiele
für Berater:innen

⟩ Du erhältst Tipps, wie du z.B. Checklisten für Projektstarts aufbereiten kannst.

⟩ Du kannst dies für den Aufbau von Teams und Abteilungen nutzen, um eine gemeinsame Basis aufzubauen.

⟩ Du kannst in Führungsseminaren oder Beratungssituationen die Führungskräfte für dieses Thema sensibilisieren.

⟩ Du erhältst im Rahmen einer Konfliktlösung oder Teamentwicklung einen guten Überblick über die Basis.

⟩ Du entwickelst das Team automatisch in den Themen Kommunikation und Klärungskompetenz weiter.

⟩ Ihr kommt weg von Richtig oder Falsch hin zu verschiedenen Perspektiven. Diese können auch für andere Themen genutzt werden.

⟩ Ihr dreht euch nicht im Kreis im Hinblick auf vergangene Konflikte und Themen, sondern schafft gemeinsam eine neue Basis für das Team.

⟩ „Die Vergangenheit lässt sich nicht ändern, die Zukunft hingegen schon!"

Hack 02 #Kennenlernen von Unterschieden

Diese Frage wird beantwortet

Verschiedene Charaktere und Arbeitsweisen treffen aufeinander. Der eine kommt immer 5 Minuten zu spät ins Meeting, die andere erledigt Dinge übergenau. Gerade im durchgeplanten Online-Alltag werden solche Eigenheiten schnell zum Problem, da man nicht „mal schnell" das Teammitglied „anstupsen" kann. Wie viel Unterschiedlichkeit in einem Team ist gut? Welche Unterschiede sind hilfreich, welche hinderlich? Wann führen Unterschiede zu Konflikten?

Die Lösung

Verändere deinen Blick auf die Unterschiede. Bewerte nicht sofort, sondern beobachte die Person. Was macht sie anders? Was ist daran eine Stärke? Für welche Aufgaben kann das hilfreich sein? Jeder Mensch ist anders – die Stärken jedes Einzelnen zu nutzen, darauf kommt es an.

Mindset

Führungskraft

Sei sensibel für Unterschiede in deinem Team und versuche, diese auch zuzulassen. Mach dem Team den Nutzen verschiedener Vorgehensweisen klar und versuche, Verbindungen zwischen den Kompetenzen herzustellen.

Team

Wenn du merkst, dass du dich über ein Teammitglied und dessen Verhaltens- oder Arbeitsweise ärgerst, geh bewusst gedanklich einen Schritt zurück. Wechsle dann die Perspektive und versuche, nicht zu bewerten, sondern entdecke eine Stärke in dem Verhalten. Was kann er/sie besonders gut? Du merkst, dass sich ein Teammitglied immer wieder ärgert und dich womöglich angreift? Interessiere dich dafür und wertschätze den Ärger als Zeichen, dass etwas sehr wichtig ist. Frage nach, woher der Ärger rührt.

Kathrin Strehlau, Brigitte Berscheid: Online-Teamhacks

08-02_Beobachtungsbogen_Vorlage.docx

So wird's gemacht

Vereinbare einen Termin mit dem Team und erkläre das Ziel sowie das Vorgehen. Wählt gemeinsam einen Zeitraum von 2-4 Wochen, in dem ihr bewusst gegenseitig eure Unterschiede beobachten wollt. Es ist wichtig, dass alle im Team damit einverstanden sind.

Schritt 1: Beobachten
Reflektiere jeden Tag für 15 Minuten, bei welchen Personen du Unterschiede wahrgenommen hast und notiere dir, welche Konsequenz das für dich und deine Arbeit hatte. Überlege dann, wie dir diese Unterschiedlichkeit nutzen kann und bei welchen Aufgaben sie eine Stärke darstellt.

Schritt 2: Nutzen rückmelden
Kommt im Team zusammen und reflektiert, wie es euch mit dieser Übung ergangen ist. Meldet euren Kolleg:innen reihum zurück, welche Unterschiede ihr wahrgenommen habt und für welche Situationen oder Aufgaben ihr das sehr nützlich findet. Überlegt danach, was ihr aus den Erkenntnissen für eure Teamarbeit lernen könnt und ob es sich z.B. lohnen kann, Aufgaben anders aufzuteilen oder zu verteilen.

Einsatzmöglichkeiten

➤ Jederzeit, wenn unterschiedliche Arbeitsweisen oder Persönlichkeitstypen zu Diskussionen führen

Geeignete Tools & Methoden

➤ Video-Conferencing-Tools
➤ Digitales Whiteboard

Tipp

Wichtig: Formuliert positiv und wertschätzend! Euer Gegenüber sollte das Gefühl haben, ein Kompliment zu erhalten und nicht, etwas falsch gemacht zu haben.

Mehrwert & Beispiele
für Teams

Mehrwert & Beispiele
für Führungskräfte

- Ihr lernt gemeinsam, wie nützlich Unterschiede in einem Team sind.
- Ihr könnt die Zusammenhänge zwischen verschiedenen Kompetenzen und Anforderungen von Aufgaben besser zusammenbringen.
- Ihr kommt weg von einem allgemeinen „Richtig-/Falsch"-Denken, hin zu einem „Das ist wertvoll für ..."-Denken und werdet so flexibler im Umgang mit unterschiedlichen Teammitgliedern und Menschentypen.
- Ihr sucht eher nach Lösungen und nach Wegen, andere Vorgehensweisen zu nutzen, ohne sie zu verurteilen oder euer Gegenüber abzuwerten.

- Du lernst dein Team noch besser kennen und kannst besser einschätzen, welche Aufgaben von welchem Teammitglied gut bearbeitet werden können.
- Du bist offen für unterschiedliche Arbeitsweisen und Typen und kannst dich flexibler darauf einstellen.
- Du nutzt die Vielfalt, um Teams noch erfolgreicher zu machen.
- Du entwickelst dein Team weiter und kannst Konflikte entschärfen oder ihnen vorbeugen.

Mehrwert & Beispiele
für Personaler:innen

Mehrwert & Beispiele
für Berater:innen

▶ Binde diesen Punkt in die Konzeption eurer Onboarding-Prozesse, Trainings oder Vorlagen für Mitarbeitergespräche und Feedback-Prozesse ein. So sorgst du für eine regelmäßige Reflexion des Themas.

▶ Wenn du zu einem konkreten Konflikt dazugerufen wirst, kannst du die Methode anwenden, um das Team dahin zu bringen, positiver mit Unterschiedlichkeit umzugehen.

▶ Nimm Sätze wie „Das kann man ja so nicht machen" oder „Immer kommt der zu spät" als Anlass zu fragen, warum macht derjenige das? Welche Stärke zeigt sich dadurch? Wann ist diese Stärke nützlich? Wie kannst du das für eure Aufgaben nutzen?

▶ Auch in Trainings oder Change-Prozessen kann dir dieser Hack hilfreich sein, um die Teammitglieder für neue Perspektiven zu öffnen und Konflikten vorzubeugen.

Hack 03 #Kennenlernen durch wanderndes Spotlight

Diese Frage wird beantwortet

Gerade Teams, die dezentral oder verteilt im Home-office arbeiten, haben weniger gegenseitige Wahrnehmungspunkte. So kann schnell Misstrauen entstehen, das zu Konflikten führt. Für den Aufbau an Vertrauen spielt Nähe eine wesentliche Rolle. Wie kann ich Distanz abbauen, Nähe erzeugen und damit Vertrauen untereinander unterstützen? Denn der schnelle Blick über die Schulter der Kolleg:innen oder das Mitbekommen von Telefonaten, Problemen oder Erfolgen findet weniger statt.

Die Lösung

Ergänzt mögliche Dailies und Aufgabenboards um wandernde Spotlight-Termine. Hier stellt jedes Teammitglied sein aktuelles Projekt vor, schaltet die Kolleg:innen für den eigenen Bildschirm frei und gewährt einen Einblick in das eigene (Home-) Office, in Projekte und Arbeitsweisen (wo arbeite ich, woran und wie?).

Mindset

Führungskraft
Dezentrale Teams brauchen strukturiertere Formen des Team-Buildings und vertrauensbildende Maßnahmen. Sei neben Arbeitsergebnissen auch sensibel für die Stimmung und den Bedarf an informellem Austausch im Team. Evtl. sind das auch Termine, an denen du nicht teilnimmst.

Team
Das Spotlight ist als Austausch-Plattform gedacht – lernt voneinander, baut Verständnis für die Rahmenbedingungen und Herausforderungen der anderen Teammitglieder auf.

Kathrin Strehlau, Brigitte Berscheid: Online-Teamhacks

So wird's gemacht

Vereinbart je nach Teamgröße 1-2 Online-Termine pro Woche, in der jeweils ein Mitglied einen Blick „hinter die Kulissen" vorbereitet und präsentiert. Woran arbeite ich, wie mache ich das? Wie sieht meine Arbeitsumgebung aus? Wer sind die Gesprächspartner? Welche Programme & Tools nutze ich? Gibt es aktuelle Störungen oder Herausforderungen?

Wichtig ist hierbei, dass nicht nur davon erzählt wird, sondern die Teammitglieder auch einen visuellen Eindruck davon erhalten. Evtl. können sie sogar Dinge selbst ausprobieren. Nach der Vorstellung können die anderen noch sagen, was sie Neues erfahren haben und was sie für ihre persönlichen Aufgaben mitnehmen oder welche Ideen sie noch haben, damit sich das Spotlight-Teammitglied die Arbeit noch einfacher machen kann.

Ziel ist es, dass alle Teammitglieder in einem Monat die Chance haben, sich und ihren Alltag vorzustellen.

Einsatzmöglichkeiten

- ▶ Für Teams, die dauerhaft oder temporär dezentral arbeiten (auch im Homeoffice) und neu zusammenkommen
- ▶ Für Teams, in denen sich Misstrauen entwickelt, durch die Umstellung von persönlicher zu digitaler Zusammenarbeit

Geeignete Tools & Methoden

- ▶ Video-Konferenz-Tool mit Freigabefunktion
- ▶ Fotos von Räumen/Ergebnissen/Gesprächspartnern, Screenshots von Programmen, Live-Demo

Tipp

Versucht, euren Teammitgliedern einen Erlebnisraum zu öffnen und einen möglichst realistischen Blick zu eröffnen. Es geht nicht um Perfektion. Lasst Unterschiedlichkeit zu! Respektiert die Privatsphäre! Jede Person kann selbst entscheiden, ob und wie viel sie von ihren privaten Räumen zeigen möchte.

Mehrwert & Beispiele
für Teams

> Ihr zeigt und gebt mehr Einblicke in euren Alltag und könnt so für gegenseitiges Verständnis sorgen.

> Ihr nutzt eine Plattform, um Tipps von Kolleg:innen zu erhalten, zu Vorgehensweisen oder Tools.

> Mögliche Schnittstellen werden sichtbar.

> Ihr nehmt Ähnlichkeiten und Unterschiede im Team wahr und könnt dies nutzen, wenn ihr Fragen habt oder Hilfe benötigt.

> Mit der Vorstellung eurer Themen entwickelt ihr eure Fähigkeit, eure Perspektive zu wechseln und Inhalte und Termine so vorzubereiten, dass andere neugierig werden und Neues lernen.

Mehrwert & Beispiele
für Führungskräfte

> Wenn ihr an den Terminen teilnehmt, erhaltet ihr Informationen zu Aufgaben, Kompetenzen und Vorgehensweisen eures Teams.

> Ihr identifiziert Schnittstellen, Potenziale für Prozessverbesserungen oder Schulungsbedarf.

> Ihr sorgt für Entwicklungsraum eures Teams, für die Möglichkeit, sich persönlich besser kennenzulernen, und legt eine Basis, damit das Einschätzen von Aufgaben, deren Umfang und Dauer leichter fällt.

> Falls es „Hängematten-Mitarbeitende" gibt, die dezentrales Arbeiten oder Homeoffice ausnutzen, wird dies schneller sichtbar.

> Du kannst die Methode in deiner Einarbeitung in einem neuen Unternehmen nutzen, um dich mit den verschiedenen Berufsfeldern und Schwerpunkten vertraut zu machen.
> Als Video aufbereitet, kann diese Methode als Personalmarketing-Instrument potenziellen Bewerber:innen einen Eindruck vermitteln, wie ein Arbeitsalltag aussieht.
> Die Methode kann als fester Bestandteil in strukturierte Onboarding-Prozesse für neue Mitarbeitende aufgenommen werden.

> Für längere Beratungsprojekte kann es hilfreich sein, diese Methode zur Einarbeitung der Berater:innen zu nutzen.
> In Changemanagement-Prozessen können Vorher-nachher-Spotlights verdeutlichen, zu welchen Veränderungen und Verbesserungen es gekommen ist.
> Konfliktsituationen können durch mehr Transparenz und Verständnis für die Aufgaben und Hindernisse anderer Kollegen entschärft oder vermieden werden.

Hack 04 #Pause mit Dialogspaziergang am Telefon

Diese Frage wird beantwortet

Wie können Sticheleien, Reibereien oder intensive Meinungsverschiedenheiten zwischen zwei Personen in Online-Meetings, Abstimmungen oder informellen Gesprächen geklärt werden? Welche Möglichkeiten gibt es, sich auch auf Distanz auszusprechen oder gespannte Situationen aufzulösen? Wie schafft man in digitalen Meetings eine Atmosphäre der Offenheit statt nicht enden wollender Diskussionen, die alle nerven und die Entscheidungen verzögern?

Die Lösung

Mit dem telefonischen Dialogspaziergang schaffen zwei Streithähne bewusst eine Pause im Konflikt und sorgen für ein Klima des gegenseitigen Verstehens. Auch in Online-Meetings kann diese Methode verwendet werden, um Perspektiven auszutauschen, – oder auch als aktive Brainstorming-Pause.

Mindset

Sei offen für die Beweggründe deines Gegenübers. Im Dialog geht es nicht darum, anderen etwas zu vermitteln, beizubringen oder zu überzeugen (wie häufig in Diskussionen), sondern mit ihnen in Beziehung zu treten. Die dialogische Haltung betont den Respekt vor der Individualität und damit vor unterschiedlichen, auch von der Norm abweichenden Arbeitsweisen und Ansichten.

- Mach dir bewusst, dass deine Wirklichkeit nur ein Teil des Ganzen ist.
- Es gibt nicht Richtig oder Falsch, nur anders.
- Genieße das Zuhören.
- Nimm Unterschiedlichkeit als Reichtum wahr.

Kathrin Strehlau, Brigitte Berscheid: Online-Teamhacks

So wird's gemacht

Vereinbare ein gemeinsames Telefonat während eines Spaziergangs. Wähle bewusst eine andere Form als das Videogespräch. Beim Telefonieren kann der Blick schweifen und ihr könnt euch besser auf das Gesagte eures Gegenübers konzentrieren. Die Bewegung sorgt für Stressabbau und somit eine positivere Haltung.

Benennt das Thema, über das ihr sprechen möchtet und lasst euer Gegenüber beginnen, die eigene Sichtweise zu erläutern. Hört bewusst zu und stellt Verständnisfragen. Bewertet nicht, sondern seht euch als Entdecker. Dann bietet eurem Gesprächspartner eure Sichtweise an.

- Lasse dein Gegenüber aussprechen.
- Mache bewusst vor deiner Perspektive einen Atemzug lang Pause.
- Sprich von dir und vermeide verallgemeinernde Formulierung wie „man", „immer" usw.
- Fasse dich kurz.

Danach reflektiert, inwieweit ihr etwas Neues gelernt habt und wie euch das in künftigen Terminen helfen kann.

Einsatzmöglichkeiten

- Bei sich wiederholenden Meinungsverschiedenheiten
- Als Routine, um in Team-Meetings verschiedene Perspektiven vor einer Entscheidung kennenzulernen
- Bei Streitsituationen zwischen zwei Personen

Geeignete Tools & Methoden

- Telefon, ggf. Headset

Tipp

Wichtig: Sucht euch eine möglichst störungsfreie, ruhige Umgebung, z.B. im Wald. Wenn es Stein und Bein regnet, geht auch das Umherwandern in den eigenen 4 Wänden – wichtig ist nur, bleibt in Bewegung!

Mehrwert & Beispiele
für Teams

> Ihr zeigt euch gegenseitig mehr Respekt und Aufmerksamkeit.
> Es geht mehr um das Verstehen als das Überzeugen – das hilft auch in anderen Situationen mit euren Kunden oder Geschäftspartnern.
> Ihr könnt diese Technik auch mit neuen Teammitgliedern zum Kennenlernen vereinbaren oder als entspannte Mittagspause für informelle Gespräche. Macht euch in dieser Zeit bewusst frei von dem Gedanken, etwas entscheiden zu wollen – es geht um das Entdecken.

Mehrwert & Beispiele
für Führungskräfte

> Gib deinen Teammitgliedern auch bewusst Freiräume für ergebnislosen Austausch, so hat Kreativität Platz und die Akkus können sich wieder aufladen.
> Nutze selbst die Möglichkeiten, dich auch mal „aus der Box" zu bewegen. Eine Situation ist verfahren oder scheint konfliktbehaftet? Dann nutze den Dialogspaziergang mit jemandem aus deiner Führungsebene für den Austausch und eine neue Perspektive.

Mehrwert & Beispiele
für Personaler:innen

Mehrwert & Beispiele
für Berater:innen

> Nutze den virtuellen Spaziergang, um in Krisen zu intervenieren und festgefahrene Situationen zu entspannen.

> Gerade in angespannten Situationen hilft die Bewegung, Stress abzubauen. Rege deshalb z.B. auch an, dass Personalgespräche auf diese Weise geführt werden.

> Setze den Dialogspaziergang als Methodik im Online-Training ein und unterbreche so bewusst das Meeting, um gezielt Situationen zu entspannen und durch den Ortswechsel auch einen Perspektivenwechsel anzuregen.

> Der virtuelle Dialogspaziergang ist auch in Online-Coachings sinnvoll und bietet dem Coachee die Möglichkeit, losgelöst von Schreibtisch und Bildschirm in entspannter Atmosphäre Situationen neu zu denken.

Hack 05 #Moderation mit Kopfstand-Methode

Diese Frage wird beantwortet

Du stellst eine Veränderung, einen neuen Prozess oder eine Idee vor und erntest gefühlt nur Gegenwind. Oft ist dann der erste Impuls, direkt zurückzuargumentieren und überzeugen zu wollen, was aber häufig nicht gelingt. Stattdessen schaukeln sich Gespräche hoch, und du hast am Ende das Gefühl, dass deine ganze Mühe umsonst war. Wie schaffst du es, eine vermeintlich negative „Ja, aber"-Stimmung in lösungsorientierte Bahnen zu lenken und Anmerkungen von „Kritikern" für dich zu nutzen?

Die Lösung

Stelle Widerstände auf den Kopf:

- Und statt aber
- Frage statt Einwand
- Beziehungsebene statt Sachebene
- Emotionen erkennen

Mindset

Siehe Einwände positiv! Widerstand zeigt schon eine Auseinandersetzung mit der Situation – hinderlicher sind diejenigen, die sich gar nicht äußern – hier weißt du nicht, woran du bist.

Versuche selbst, deine Kommunikation so zu verändern, dass du die Tipps beherzigst. Das ist eine gute Möglichkeit, um als Vorbild voranzugehen.

Hilf anderen in Form deiner Antwort beim Umformulieren.

Gerade bei Widerständen geht es häufig um unbewusste Sorgen oder Ängste. Nimm diese ernst und räume ihnen behutsam Platz ein. Mit einem Beharren auf der Sachebene werden diese sonst verstärkt.

Kathrin Strehlau, Brigitte Berscheid: Online-Teamhacks

So wird's gemacht

Und statt aber

Nach einem „Ja, aber" antworte mit „Das ist ein guter Punkt, den können wir als Ergänzung mit aufnehmen." So geht es nicht um „Entweder oder" sondern um „Sowohl als auch".

Frage statt Einwand

Sammle Einwände auf dem digitalen Whiteboard und formuliere sie in Fragen um. Danach finde im Team gemeinsam Antworten – so geht es um Lösungen und nicht darum, wer recht hat. Einwände werden zu Anregungen und werden nicht abgeschmettert. Erkläre vorher den Prozess.

Auf Beziehungs-/Emotionsebene wechseln

„Ich merke, du ärgerst dich gerade sehr, wie kommt das?" Oder: „Dir scheint der Punkt sehr wichtig zu sein, wie müsste die Lösung aussehen, damit sie praktikabel für dich ist?"

Emotionen erkennen

Nutze zu Beginn eines Team-Meetings den Wetterbericht oder eine Smiley-Skala, um zu wissen, wie die Teammitglieder gestimmt sind – so kann sich Stress oder Frust aus anderen vorherigen Situationen entladen.

Einsatzmöglichkeiten

- ❯ In Workshops und Meetings
- ❯ Bei Widerständen im Umgang mit digitaler Technik und Online-Methoden

Geeignete Tools & Methoden

- ❯ Video-Conferencing-Tool
- ❯ Digitales Whiteboard

Tipp

Wichtig: Humor kann auch im Umgang mit Widerständen helfen, um die Stimmung mal wieder aufzulockern. Allerdings sollte dieser dann nie auf Kosten einzelner Personen gehen.

Mehrwert & Beispiele für Teams

Mehrwert & Beispiele für Führungskräfte

- Es gibt bei euch im Team immer diese eine Person, die vermehrt kritisch auf Themen schaut? Dann baut bei Themen prinzipiell eine Kritiker-Runde ein. So wird die Meinung geschätzt und ist in einen klaren Rahmen eingebunden.
- Wenn ihr gemeinsam im „Kopfstand" auf Situationen schauen könnt, bekommen Diskussionen und Perspektiven mehr Leichtigkeit und gegenseitige Wertschätzung.

- Nutze diesen Hack, um in Meetings mit deinem Team zwischen einzelnen Teammitgliedern zu vermitteln und Verbindungen zu schaffen.
- Die Tipps helfen dir auch in Situationen mit deiner Geschäftsführung, wenn du dort eine Idee vorantreiben möchtest.

➤ Häufig haben Fachbereiche andere Sichtweisen oder werden auch von anderen internen Abteilungen mit Aufgaben und Veränderungen konfrontiert, die ihnen in der Erledigung des Tagesgeschäfts nicht helfen. Nimm diese Sichtweise ernst und versuche, die Hacks dazu zu nutzen, gemeinsam einen Weg zu finden.

➤ Bei Change-Projekten, in Trainings oder auch Workshops hilft dieser Hack, um wieder in eine Lösungsorientierung zu kommen.

Kathrin Strehlau, Brigitte Berscheid: Online-Teamhacks

Online-Changemanagement

Nichts ist beständiger als der Wandel, heißt es.

Unter Changemanagement verstehen wir größere unternehmensweite Veränderungen, wie z.B. die Einführung neuer Tools wie MS 365 oder die Einführung von dezentraler Arbeit durch Homeoffice, Mobile Work oder die Dezentralisierung von Teams.

Hierbei gehen wir davon aus, dass verschiedene Abteilungen & Teams betroffen sind und die Veränderung auch die Anpassung von Prozessen, Kommunikationswegen oder die Entwicklung neuer Kompetenzen mit sich bringt.

Mit Einzug der Digitalisierung hat die Geschwindigkeit von Veränderungen zugenommen. Beinahe täglich gibt es z.B. neue Tools oder Funktionen in Programmen.

In den Hacks dieses Kapitels zeigen wir, wie sich auch Veränderungen und Change-Prozesse diesen schneller werdenden Zyklen anpassen können und flexibler werden:

- Der 4 Elemente Check-up: Verschaffe dir einen Überblick
- DIY-Entwicklung mit HippocampusFaktor®: Wähle eine flexible Methodik
- Projekt-Canvas: Fokussiere das Change-Team
- Aufgaben-Board: Behalte den Überblick
- Routinen-ABC und Keep-Drop-Try: Beschleunige die Umsetzung und reflektiere

Hack 01 #Vernetzen von Perspektiven mit dem 4 Elemente Check-up

Diese Frage wird beantwortet

Häufig lösen Veränderungen oder Entwicklungen neue Fragestellungen aus. Bei der Einführung von digitalen Team-Meetings handelt es sich nicht um eine reine Einführung eines neuen Tools, sondern damit verbunden sind auch das Erlernen und Vereinbaren neuer Arbeitsweisen, Prozesse und Kompetenzen. Wie kann ich Veränderungen und Entwicklungen visualisieren, Zusammenhänge erkennen und auf dieser Basis das Projektteam passend aufbauen?

Die Lösung

Mit dem 4 Elemente Check-up werden anvisierte Veränderungen analysiert und Zusammenhänge aufgedeckt. In fast allen Changemanagement-Modellen tauchen immer wieder diese 4 Elemente auf: Ziele & Nutzen, Team & Kultur, Organisation & Prozesse, Tools & Technik. Mit einem Online-World-Café schaffst du Raum für Austausch.

Mindset

Auftraggeber:in (z.B. GF oder Personaler:in)
Nutze das Wissen, die Kompetenz und Motivation deiner Mitarbeitenden! Oft haben Mitarbeitende und Führungskräfte tolle Verbesserungsideen und Spaß daran, die Organisation weiterzuentwickeln. Mache eine interne Ausschreibung und bilde ein interdisziplinäres Team aus der Organisation – gerne auch mit externer Moderation.

Führungskraft
Gib deinem Team Zeit, neben dem Tagesgeschäft auch die Organisation weiterzuentwickeln – so wird persönliche Entwicklung zur Selbstverständlichkeit und die Verbundenheit mit dem Unternehmen steigt.

Team
Sei offen für übergreifende Themen und melde dich freiwillig für solche übergreifenden interne Projekte. Bring dein Wissen und deine Kompetenz ein.

Kathrin Strehlau, Brigitte Berscheid: Online-Teamhacks

So wird's gemacht

Lade bis zu 20 Personen zu diesem digitalen Check-up ein, um möglichst viele Perspektiven einzufangen:
– aus operativen Einheiten sowie zentralen Einheiten aus verschiedenen Hierarchie-Ebenen
– mit unterschiedlicher Demografie (Alter, Geschlecht etc.)

Positioniere die 4-Elemente-Grafik in der Mitte eines White-boards und lass die Teilnehmenden in einem digitalen World-Café (vier Gruppen, siehe #4-5) zu den Bereichen ihre Ideen, Fragen & Bedenken sammeln & visualisieren:

1. **Ziele & Nutzen:** Wann nutzt euch die Einführung? Welche Unternehmens- oder Teamziele unterstützt dieses Thema?
2. **Kultur & Team:** Welche Kompetenzen braucht das Team? Wie wird die Kultur dadurch verändert?
3. **Prozesse & Organisation:** Welche Prozesse ändern sich durch die Einführung? Welche bisherigen Arbeitsweisen oder Kommunikationswege könnten dadurch ersetzt oder verbessert werden?
4. **Tools & Technik:** Welche Tools werden benötigt? Welche könnten ersetzt werden?

Einsatzmöglichkeiten

- Einführung von neuen IT-Tools
- Strategieentwicklung
- Auftragsklärung für Beratungen oder Projekte
- In Phase 1 „Design" und/oder bei „Check"

Geeignete Tools & Methoden

- Video-Conferencing-Tools
- Digitales Whiteboard

Tipp

Oft wird gerade die Einführung von MS 365 als reines IT-Projekt gesehen. Die Einführung digitaler Tools ist aber mit einem Paradigmenwechsel in der Kommunikation und Zusammenarbeit verbunden – es handelt sich also mehr um ein Change-Projekt als um ein Software-Update.

**Mehrwert & Beispiele
für Teams**

**Mehrwert & Beispiele
für Führungskräfte**

- Der 4 Elemente Check-up kann euch helfen, komplexe Problemstellungen zu sortieren und Projekte zu strukturieren.
- Er hilft euch außerdem bei der Fokussierung auf Themen und Projekte, die auch im Gesamtkontext der Organisationsziele gute Chancen haben, wirksam zu sein.

- Unterstützung von vernetztem Denken und dem Visualisieren von Zusammenhängen, um geplante Veränderungen und Projekte und deren Einfluss besser einschätzen zu können.
- Als Basis, um die passenden Team- oder Projektmitglieder auszuwählen.

Für interne Auftragsklärungen mit Fachbereichen oder in der Zusammenarbeit mit externen Berater:innen.

Zur Planung von Personal- oder Organisationsentwicklungsmaßnahmen, z.B.: Welche Bereiche werden beeinflusst und was wird benötigt?

Für Auftragsklärungen mit deinen Kunden, z.B.: Warum soll ein Training oder Workshop stattfinden?

Zur Visualisierung von Zusammenhängen und Themen, die bearbeitet werden müssen.

Zur Strukturierung und Planung von Projekten.

Hack 02 #Planung einer DIY-Entwicklung mit HippocampusFaktor®

Diese Frage wird beantwortet

Wie kann ich Veränderungen – gleich, ob persönliche Kompetenzentwicklung, gemeinsame Teamentwicklung oder übergreifende Organisationsentwicklung besser in den Arbeitsalltag integrieren, den Ergebnisfokus stärken, flexibel auf Veränderungen während des Prozesses reagieren, vielfältige Methoden nutzen und eine ortsunabhängige Teilnahme ermöglichen?

Die Lösung

Durch DIY-Entwicklung mit **HippocampusFaktor**®: Agiler Zyklus TPDCA (Think new, Plan, Do, Check, Act) für das Entwicklungsthema mit Einbettung in die Gesamtorganisation. Nutzung der Eigenmotivation und persönlichen Stärken.

Mindset

Auftraggeber (z.B. Geschäftsführer:in oder Personaler:in)
Vertraue darauf, dass die Fachleute ein gutes Ergebnis erzielen werden. Gib ein Zielbild vor, aber lasse den Weg und das genaue Endergebnis offen. So lässt du neue Ideen zu und motivierst die Teams. Du hast im Prozess immer wieder die Möglichkeit, zu justieren.

Führungskraft
Gib deinem Team die Chance, neben dem Tagesgeschäft auch die Organisation weiterzuentwickeln – so wird persönliche Entwicklung und Netzwerken zur Selbstverständlichkeit.

Teammitglied
Sei offen für übergreifende Themen und melde dich freiwillig für solche übergreifenden interne Projekte. Bring dein Wissen und deine Kompetenz ein.

Kathrin Strehlau, Brigitte Berscheid: Online-Teamhacks

So wird's gemacht

– **Schritt 1 - Design:** Stellt eine agile Projektarchitektur auf, die sich an den Gesamtzielen der Organisation ausrichtet, klärt die Rollen & Rahmenbedingungen.

– **Schritt 2 – TPDCA:** Ein interdisziplinäres, selbstorganisiertes Team erarbeitet Lösungen und testet diese in einem 12-wöchigen Zyklus: Think new (Team formen, Nutzenanalyse, Neues lernen), Plan (Verbesserungsideen entwickeln, Umsetzung planen), Do (Aufgaben verteilen, ausprobieren, Erfahrung sammeln), Check (Review: Feedback zu Ergebnissen und Nutzen), Act (Retro: Zusammenarbeit reflektieren und Routinen entwickeln).

– **Schritt 3 – Next Steps:** Stellt eine Rückkoppelung der Ergebnisse sicher und plant das weitere Vorgehen – gibt es einen weiteren Zyklus oder ein neues Thema?

Einsatzmöglichkeiten

- ▶ Kompetenzentwicklung
- ▶ Teamentwicklung
- ▶ Organisationsentwicklung
- ▶ Changemanagement
- ▶ Produktentwicklung
- ▶ Projektmanagement

Geeignete Tools & Methoden

- ▶ Video-Conferencing-Tools
- ▶ Digitales Whiteboard
- ▶ File-Sharing
- ▶ Messaging
- ▶ Aufgaben-Board

Tipp

Legt den Fokus auf das Ausprobieren und kurzfristige Anpassen statt auf langfristige Planung und vorheriges Festlegen des Ergebnisses.

Mehrwert & Beispiele
für Teams

Mehrwert & Beispiele
für Führungskräfte

▷ Nutzt den **HippocampusFaktor®**, wenn ihr euch selbst als Team weiterentwickeln wollt und z.B. auf mehr digitale Zusammenarbeit umstellen möchtet.

▷ Einigt euch zu Beginn eines Zyklus auf ein Thema, z.B. Kommunikation, Entscheiden, Team-Building oder ein Fachthema und durchlauft gemeinsam den Zyklus. So könnt ihr selbst zu Entdeckern & Möglichmachern werden, seid unabhängig von externen Berater:innen und müsst nicht lange auf Schulungen oder Weiterbildungen warten.

▷ Selbst Problemstellungen des persönlichen Arbeitsalltages lösen und für Verbesserungen im eigenen Wirkungskreis sorgen.

▷ Zur Entwicklung und dem Austausch mit anderen Führungskräften zur Führungskultur, Strategie oder Organisationsentwicklung.

▷ Als Methode, um mit deinem Team Verbesserungen voranzutreiben.

▷ Nah am Kunden/Nutzer sein und passende Produkte bereitstellen.

▷ Die Verbundenheit mit dem Unternehmen steigt – ohne Bindungsprogramme.

▶ Wenn du interne Projekte vorantreiben möchtest, wie z.B. die Einführung neuer Tools, Methoden oder Prozesse.

▶ Zusammenarbeit mit deinen internen Kunden zur Erhöhung der Akzeptanz.

▶ In größeren Change-Projekten reihe mehrere Zyklen in Sprints aneinander.

▶ Nutze diese Form der Zusammenarbeit auch für Trainings und Implementierung von Fachthemen.

Hack 03 #Transparenz durch Projekt-Canvas mit SMD-Methode

Diese Frage wird beantwortet

Wie gewinnt ein Change-Team einen schnellen Überblick über die wichtigsten Parameter eines Projektes? Wie läuft eine effiziente Projektplanung und bekommt ein Team ein gemeinsames Verständnis des gemeinsamen Projektauftrags? Bei fehlender „räumlicher" Nähe braucht es bewusste Methoden zur Vertrauensbildung – denn ohne „Berührung", z.B. beim Händeschütteln zur Begrüßung, fehlt die Ausschüttung des Hormons „Oxytocin" – einem wichtigen Botenstoff für ein unbewusstes Gefühl von Vertrauen.

Die Lösung

Mit dem Projekt-Canvas als Visualisierung und der Same-More-Different-Methode in der Umsetzung. Das hilft beim Fokussieren & Onboarden, erzeugt Commitment und schafft Vertrauen bei neuen Teammitgliedern.

Mindset

Auftraggeber:in (z.B. GF oder Personaler:in)
Damit ein Team professionell arbeiten kann, braucht es für eine gewisse Zeit die Sicherheit, dass sich die Rahmenbedingungen und vereinbarten Ziele nicht ändern. Schiebe nicht zwischendurch noch neue Anforderungen & Themen nach.

Führungskraft
Visualisierung hilft bei der Strukturierung und schafft Fokus – es muss auf eine Seite passen, sonst mach lieber ein weiteres Projekt daraus. Misserfolge kleinerer Projekte werden schneller verdaut.

Team
Nutzt das Projekt-Canvas, um euer gegenseitiges Verständnis abzugleichen und gemeinsames Commitment zu erzeugen – sonst verfolgt vielleicht jeder ein anderes Ziel.

Kathrin Strehlau, Brigitte Berscheid: Online-Teamhacks

09-03_Projekt-Canvas_Vorlage.docx

So wird's gemacht

Jede:r füllt am Online-Whiteboard ein Canvas für sich alleine aus (Stichworte auf Sticky-Note).

Dann befüllt ihr ein neues, leeres Canvas und geht reihum jedes Feld durch:

– Person 1: Stellt die eigenen Stichpunkte vor.
– **S**ame: Alle, die den gleichen Stichpunkt haben, zeigen im Video-Chat den Daumen hoch, die Zahl wird auf dem Sticky ergänzt
– **M**ore: Danach ergänzen alle nacheinander neue Punkte.
– **D**ifferent: Anschließend ergänzt jeder, der etwas Gegensätzliches hat. Diese Punkte werden besprochen und es wird entschieden, wie damit umgegangen wird.
– Die Runden werden mit der Zeit immer schneller, da eher auf Ergänzungen wert gelegt wird, als darauf, dass jeder alles vorstellt
– Am Ende sollten nur noch 3-5 Punkte pro Feld dort stehen – die wichtigsten.

Einsatzmöglichkeiten

▷ In der Phase „Plan"
▷ Zum Onboarding neuer Projektmitglieder
▷ Zu Beginn von Change-Projekten
▷ Wenn sich aus kleinen agilen Entwicklungszyklen größere Projekte über mehrere Abteilungen & Teams hinweg ergeben

Geeignete Tools & Methoden

▷ Video-Conferencing-Tools
▷ Digitales Whiteboard

Tipp

Es ist entscheidend, dass im ersten Schritt das Canvas gemeinsam ausgefüllt und nicht von einer Person „vorgestellt" wird. Nur so werden gemeinsame und unterschiedliche Perspektiven und Erwartungen sichtbar.

Mehrwert & Beispiele
für Teams

Mehrwert & Beispiele
für Führungskräfte

- Ihr lernt eure gegenseitigen Vorstellungen kennen und seht schnell, in welchen Punkten ihr euch einig seid – das hilft beim Aufbau von Vertrauen und Wir-Gefühl.
- Nutzt die SMD-Methode auch in anderen Situationen, wenn ihr ein Gruppenbild haben und dabei langwierige Kartenvorstellungen vermeiden wollt.

- Das Ausfüllen des Projekt-Canvas kann helfen, noch ungeklärte Punkte aufzudecken oder auch bei der Entscheidung, ob es sich bei einer neuen Aufgabe überhaupt um ein Projekt handelt oder es eher eine etwas aufwendigere Standardaufgabe aus dem Tagesgeschäft ist.
- Die SMD-Methode kannst du auch in anderen Meeting-Situationen anwenden, wenn dir ein umfassendes Bild deines Teams wichtig ist.

▷ Du kannst intern einen Methoden-Pool aufbauen und verschiedene Vorlagen hinterlegen, sodass du, deine Teamkolleg:innen, externe oder interne Moderator:innen bei Moderationen darauf zurückgreifen können.

▷ So sorgst du für einheitliche Standards und baust parallel Methodenkompetenz in der Organisation auf.

▷ Nutze das Projekt-Canvas zur Visualisierung und Auftragsklärung mit deinem Kunden.

▷ Stell die beiden Download-Vorlagen als Methoden in der Zusammenarbeit mit deinen Kunden vor.

Hack 04 #Verantwortung teilen mit Aufgaben-Boards

Diese Frage wird beantwortet

Gerade in größeren Change-Projekten arbeiten oft verschiedene Bereiche und Teams an der Umsetzung. Dabei wird leider häufig nur auf die inhaltliche Arbeit und Aufgaben im Projekt fokussiert. Die parallel dazu stattfindende interne Information & Kommunikation sowie der Wissens- & Kompetenzaufbau werden dabei häufig vergessen. Wie kann ein Aufgaben-Board dabei helfen, alle relevanten Bereiche zu visualisieren und bei der Umsetzung zu unterstützen?

Die Lösung

Nutze ein Aufgaben-Board für alle wichtigen Bereiche und bereite es in der Struktur direkt passend zum Projektdesign vor.

Mindset

Auftraggeber:in (z.B. GF oder Personaler:in)
Du kannst nicht genug informieren oder kommunizieren. Auch wenn es noch kein Ergebnis gibt, kann es nützlich sein zu berichten, wie die nächsten Schritte sind und welche Entscheidungen noch ausstehen. Transparenz ist dein Freund.

Führungskraft
Frag deine Teammitglieder, was bei ihnen ankommt und versuche informell mitzubekommen, wie das Team zu einem Punkt steht. Versuche, für deinen Verantwortungsbereich notwendige zusätzliche Schritte, Schulungen oder Umsetzungsunterstützung anzubieten. Überlegt gemeinsam lösungsorientiert, was es noch braucht.

Team
Frage proaktiv nach und erkundige dich, ob es regelmäßige Informationskanäle im Unternehmen gibt.

Kathrin Strehlau, Brigitte Berscheid: Online-Teamhacks

09-04_Aufgabenboard_Vorlage.docx

So wird's gemacht

Die meisten Aufgaben-Boards haben verschiedene Anpassungsmöglichkeiten, die dir nützlich sind:

– Nutze die Spalten für die Projektphasen inkl. der vorgesehenen Dauer (z.B. Plan, Do, Check, Act). In die erste Spalte kannst du dann eine Legende aufnehmen sowie allgemeine Termine, wie Urlaube der Teammitglieder oder offene Punkte in Jour fixes. In die zweite Spalte kommen dann Aufgaben, die sich zwischendurch neu ergeben (Backlog oder Aufgaben-Pool).

– Wähle jeweils eine Farbe oder Kategorie für verschiedene Arten von Aufgaben: a) Fachliche Aufgaben, b) Probleme & Störungen, c) Information & Kommunikation, d) Marketing, e) Schulungen.

– Den Status kannst du für den Aufgabenstand verwenden (in Planung, in Arbeit, in Abstimmung, erledigt und ggf. zurückgestellt).

– Wähle möglichst nur einen Verantwortlichen auf der Karte und lasse die Aufgaben „ziehen". Jedes Teammitglied nimmt sich eine Aufgabe, wenn es Kapazität hat.

So kannst du immer wieder nach verschiedenen Themen sortieren und filtern, was der Übersichtlichkeit nützlich ist.

Einsatzmöglichkeiten

- Bei allen Arten von Projekten
- Für übergreifende Change-Projekt-Übersichten (dann sind die Karten die einzelnen Projekte statt Aufgaben)

Geeignete Tools & Methoden

- Aufgaben-Boards

Tipp

Wichtig bei der Bearbeitung eines Aufgaben-Boards mit einem großen Projektteam: Legt Regeln und Legenden fest, wann Aufgaben angepasst werden. Und nutzt entsprechende Meetings, um euch regelmäßig auf Stand zu halten.

**Mehrwert & Beispiele
für Teams**

**Mehrwert & Beispiele
für Führungskräfte**

▷ Ihr könnt große Change-Projekte übersichtlich planen und denkt an alles.

▷ Sortiert nach Verantwortlichkeit, Fälligkeit, Art der Aufgabe oder Projektphase – je nachdem, mit wem ihr gerade über welches Thema sprechen möchtet.

▷ Ihr könnt so auch selbst eure Kapazität im Blick behalten – wie viele Aufgaben landen bei euch und sind sie in der vereinbarten Zeit schaffbar?

▷ In Vertretungssituationen könnt ihr schneller unerledigte Aufgaben übernehmen.

▷ Das Board nutzt euch gleichzeitig als Überblick für Führungskräfte oder Interessierte – für diese Aspekte benötigt man dann keine separate Präsentation mehr.

▷ Du kannst dir einen Überblick über verschiedene, parallel laufende Change-Projekte verschaffen.

▷ Du kannst früher sehen, ob Teammitglieder überlastet und Aufgaben fair verteilt sind.

▷ Deine Teammitglieder lernen vernetztes Arbeiten und die Nutzung der Filterfunktion in Aufgaben-Boards.

Mehrwert & Beispiele
für Personaler:innen

Mehrwert & Beispiele
für Berater:innen

- Nutze die Filtermöglichkeiten, um zu sehen, ob gleiche Teammitglieder in verschiedenen Change-Projekten eingesetzt werden und vermeide Überforderung.
- Etabliere eine unternehmensspezifische Basis als Projektstruktur – so können Change-Teams immer wieder darauf zurückgreifen, sparen Zeit bei der Erstellung und es etabliert sich ein einheitliches Projektmanagement-Verständnis.

- Nutze das Board nicht nur in der operativen Umsetzung, sondern auch in Informationsveranstaltungen mit entsprechenden Filtereinstellungen. So erhalten alle Beteiligten einen aktuellen Stand, ohne Zusatzaufwand für Präsentationen.
- Viele Aufgaben-Boards ermöglichen eine „Beobachten"-Funktion. Hier kannst du interessierten Fach- und Führungskräften Sichtrechte einrichten, damit diese sich auch proaktiv erkundigen können. So sorgst du für Transparenz und Offenheit.

Hack 05 #Reflexion mit Routinen-ABC und Keep-Drop-Try

Diese Frage wird beantwortet

Wie finden übergreifende Veränderungsprozesse auch im Business-Alltag Platz, sodass sich neue digitale Arbeitsweisen etablieren? Wie kann eine Umstellung auf mehr digitale Zusammenarbeit gelingen, ohne dass wertvolle informelle Kommunikation und Teamgefühl verloren gehen? Nehmen wir das Beispiel „Einführung eines Aufgaben-Boards".

Die Lösung

Mit dem Routinen-ABC etablierst du nach und nach einzelne Elemente. Wie beim Schreibenlernen beginnst du beim Alphabet: Du lernst erst die Buchstaben, dann Wörter und später ganze Sätze – und schließlich auch das Lesen „zwischen den Zeilen". Diese Abfolge von leicht zu komplex erleichtert dir die Umsetzung im Alltag. Mit der Keep-Drop-Try-Methode reflektierst du bewusst und mistest regelmäßig aus – behalte nur, was sich im Alltag bewährt!

Mindset

Führungskräfte

Du hast die neue Vorgehensweise bereits ausprobiert, bist begeistert und nun soll dein Team ran? Hab Geduld und denke daran, dass du dich schon länger mit diesem Thema beschäftigt hast – die anderen starten gerade erst. Gib deinem Team Zeit, schrittweise umzustellen und gemeinsam Erfahrungen zu sammeln. Das hilft, nicht zu schnell die Flinte ins Korn zu werfen.

Teams

Seid offen für Vorgehensweisen anderer und auch dafür, eure bewährten Arbeitsmuster immer mal wieder auf den Prüfstand zu stellen. Routinen können auch für kreative Köpfe und Personen, die die Abwechslung lieben, hilfreich sein, um im Team gemeinsam neue Vorgehensweisen zu etablieren.

Kathrin Strehlau, Brigitte Berscheid: Online-Teamhacks

So wird's gemacht

Beispiel: Einführung eines Aufgaben-Boards

1. Routinen A-B-C

- A = Kleine Schritte: Jeder schreibt im Team seine Aufgaben zu einem (!) Thema ins Board und bearbeitet sie für einen bestimmten Zeitraum konsequent dort.
- B = Alte und neue Routine verknüpfen: Du schaust morgens deine E-Mails durch? Dann nutze diese Routine, um auch dein Aufgaben-Board zu pflegen.
- C = Mach's dir leicht: Erstelle eine Beispiel-Aufgabe, in der alles passend ausgefüllt ist und klebe sie an deinen Bildschirm – so hast du die wichtigsten Infos sofort im Blick, statt im Handbuch zu blättern.

2. Reflexionstermine

Nutze alle 4 Wochen die Keep-Drop-Try-Methode für Anpassungen:

- Keep: Vorgehensweisen sammeln, die sich bewährt haben und beibehalten werden
- Drop: Festlegen, was ersetzt wird und wegfällt
- Try: Festlegen, was wie angepasst und ausprobiert wird

Einsatzmöglichkeiten

- Immer, wenn etwas neu gelernt und etabliert werden soll
- Bei der „Übersetzung" von allgemeinen Unternehmens- oder Abteilungszielen in umsetzungsstarke Alltagsroutinen

Geeignete Tools & Methoden

- Video-Conferencing-Tools
- Whiteboard

Tipp

Eine Routine braucht ca. 40 Tage, um wirklich in Fleisch und Blut überzugehen – habt Geduld! Nutzt die Kraft eurer Sinne – macht euch visuelle Merker, z.B. an den Bildschirm oder in die Kaffeeküche. Oder nutzt akustische Erinnerungssignale über euer Smartphone.

Mehrwert & Beispiele
für Teams

⯈ Ihr seid die Expert:innen eurer Prozesse und Arbeitsweisen. Daher müsst ihr unternehmensweite Einführungen und Veränderungen immer auch auf euer Team „übersetzen".

⯈ Einzelne Personen setzen unterschiedlich schnell Veränderungen um. So holt ihr euch gegenseitig ab und könnt euch unterstützen.

Mehrwert & Beispiele
für Führungskräfte

⯈ Routinen geben Sicherheit. Bei einer Veränderung ist immer auch wichtig, zu sehen, was bleibt, worum muss ich mir „keinen Kopf mehr machen".

⯈ Um Startschwierigkeiten zu vermeiden und schnell ins „Tun" zu kommen.

⯈ Zeit für Veränderung geben und schnell mitbekommen, wenn es Vorbehalte oder Schwierigkeiten gibt.

Mehrwert & Beispiele
für Personaler:innen

Mehrwert & Beispiele
für Berater:innen

➤ Mit diesem Hack bietest du eine Übersetzungshilfe zwischen übergreifenden Unternehmenszielen und der Umsetzung im Arbeitsalltag.

➤ Du kannst diese Methodik in Workshops und Trainings nutzen, wenn es darum geht, neue Vorgehensweisen, Methoden oder Tools auszuprobieren.

➤ Du beugst Vorbehalten und schlechter Stimmung vor, da klar wird, dass noch eine Anpassung in den Teams erfolgt.

➤ Unterstütze bei Change-Projekten selbst in Workshops mit dieser Übersetzungsleistung oder biete die Methodik Unternehmen an.

➤ Sorge mit diesem Hack in deinen eigenen Trainings, Workshops oder Methoden für mehr Umsetzungsgarantie.

Kathrin Strehlau, Brigitte Berscheid: Online-Teamhacks

Fokusthema 10
Online-Tools

Digitale Teams funktionieren nur, wenn alle Teammitglieder eine solide technische Ausstattung und Zugang zum Internet haben.

Die digitale Arbeitsumgebung wird mit unterschiedlichen Software-Tools gestaltet und findet meist in Cloud-Umgebungen statt. Auch unsere Hacks benötigen entsprechende Software-Tools. Der Markt ist voll und die Auswahl nicht immer einfach.

Wir haben für dieses Buch eine kleine und nicht vollständige Auswahl von Software-Tools getestet und fassen die wichtigsten Kriterien für die Software-Auswahl zusammen.

Wir stellen Software vor, die folgende Anlässe unterstützen:
- Online-Meetings
- Interaktive und kreative Zusammenarbeit in Meetings
- Meinungsabfragen und Entscheidungsfindung
- Aufgabenplanung
- Asynchrone Kommunikation
- Teilen von Dateien

Wir geben ausdrücklich keine spezielle Kaufempfehlung, sondern möchten mit der Auflistung Hilfestellungen geben, damit sich Teams, Führungskräfte, Personaler:innen und Berater:innen auf Basis bestimmter Kriterien und Funktionalitäten selbst die für ihre Anforderungen am besten geeigneten Tools suchen können. Die in der Tabelle gelisteten Gesamtwertungen entsprechen unseren subjektiven Eindrücken aus der Anwenderperspektive zum Zeitpunkt der Inhaltserstellung.

Kategorien der Online-Tools

01 Online-Meeting-Tools

Tools für die Teilnahme an virtuellen Besprechungen, um ortsunabhängig erreichbar zu sein

- MS Teams Meeting
- Zoom
- Wonder

02 Digitale Whiteboards

Tools zum Erfassen und Darstellen von Notizen und Skizzen, um Ideen austauschen zu können

- MS Whiteboard
- Miro
- Conceptboard

03 Digitale Umfrage-Tools

Tools zum Erstellen von Fragebögen und Tests, um Informationen zu gewinnen und zu bewerten

- MS Forms
- Slido
- Mentimeter

Kathrin Strehlau, Brigitte Berscheid: Online-Teamhacks

04 Digitale Aufgaben-Boards

Tools zur Aufgabenplanung und Steuerung, um die Effizienz in der Zusammenarbeit zu erhöhen

- MS Planner
- MeisterTask
- awork

05 Chat-Tools

Tools zum Verteilen von Nachrichten, um den Austausch von Informationen zu beschleunigen

- MS Teams Chat
- Slack
- Twist

06 Online-Filesharing

Tools zum Bereitstellen und Teilen von Dateien über das Internet, um sie von überall bearbeiten zu können

- MS OneDrive
- Dropbox
- WeTransfer

01 Online-Meeting-Tools

MS Teams Meeting

Zoom

Wonder

Meeting-Tools ermöglichen das Durchführen virtueller Treffen jeder Art. Egal, ob Videoanruf im Rahmen einer Besprechung oder Präsentationen im Zuge eines Webinars. Bereitgestellt werden u.a. Werkzeuge zum Planen, Vorbereiten und Durchführen virtueller Veranstaltungen. Sie sind damit ein Pfeiler der digitalen Zusammenarbeit von Arbeitsgruppen – vorausgesetzt, man verfügt über die notwendigen Geräte wie Kamera, Mikrofon und Lautsprecher bzw. Headset.

Für regelmäßige virtuelle Treffen ist eine komfortable Teilnehmerverwaltung hilfreich. Zur Terminplanung stehen in aller Regel Kalender-Tools zur Verfügung, die sich auch mit persönlichen Kalendern aus Outlook oder Google synchronisieren. Wer sich im Online-Meeting mit den Teilnehmenden über Textnachrichten austauschen möchte, benötigt dazu eine Live-Chat-Funktion.

Oft werden Zusatz-Features wie Whiteboard oder Umfrage-Tools bereits innerhalb der Meeting-Umgebung bereitgestellt. Will man im Meeting Teams an unterschiedlichen Standorten vernetzen, kann auch eine Raumbuchungs-Funktion zum Reservieren von Besprechungsräumen nützlich sein.

Während der Videoübertragung sollte die Privatsphäre mithilfe virtueller Hintergründe gewährleistet werden. Beim Teilen des Bildschirms, dem sog. Screensharing während eines Meetings, muss beim Übertragen von Videos auch eine Audioübertragung möglich sein.

Mobile Anwendungen ermöglichen die Teilnahme an nahezu jedem Ort, sofern eine WLAN- bzw. eine geeignete Telekommunikations-Netzinfrastruktur zur Verfügung steht.

Kriterien	MS Teams Meeting	Zoom	Wonder
Funktionsumfang	++++	+++++	++
Usability	++++	++++	++++
DSGVO-konform	Ja*	Unklar	Ja*
Server-Standort	DE	Weltweit	DE
Kosten	Abonnement	Abonnement	Kostenlos
Mobile App	Ja	Ja	Nein
Testphase	30 Tage	Keine	-
Besonderheit	Umfragen mit Forms, Whiteboard	Kostenloses Basis-Abo	Plattform für Diskussionen & Chats
Gesamtwertung	★★★★☆	★★★★☆	★★★☆☆

*laut Herstellerangabe

Kathrin Strehlau, Brigitte Berscheid: Online-Teamhacks

MS Teams Meeting

Unser Tipp: Die Besprechungsnotizen sind über ein Register mit dem Kanal verbunden und können fortlaufend genutzt werden.

Mit der Meeting-Funktion von Microsoft Teams ist der Zugang zu virtuellen Meetings auch ohne Software-Installation möglich. Es genügt im einfachsten Fall, einen Link zur Veranstaltung per Mail zu erhalten. Teams lässt sich in den gängigen Browsern (Chrome, Edge, Safari) starten und benötigt nur wenig Hardware-Ressourcen. Die kostenlose Lizenz von Teams erlaubt Besprechungen von bis zu 60 Minuten Dauer.

Interaktion wird durch die Funktion „Hand heben" oder unterschiedliche „Emojis" ermöglicht. Der Austausch im Chat erfolgt in der ganzen Gruppe oder auch einzeln mit den anwesenden Personen. In internationalen Meetings sind Live-Untertitel sehr nützlich, sie werden in immer mehr Sprachen angeboten. Eine Auswahl an virtuellen Hintergründen kann um persönliche Bilder erweitert werden. Mit der Funktion „Jetzt besprechen" können Personen auch spontan am Meeting teilnehmen. Am Ende einer Veranstaltung gibt es eine Teilnehmerliste zum Herunterladen.

Über die Bildschirmfreigabe lassen sich Präsentationen, einzelne Programmfenster und der gesamte Desktop-Bildschirm übertragen – neuerdings ist sogar eine Überlagerung des eigenen Kamerabilds mit dem zu übertragenden Bildschirm möglich. Teams nennt das den Moderatorenmodus.

Eine besondere Funktion wird mit den sog. Breakout-Rooms bereitgestellt. Damit lassen sich Gruppen während eines Meetings in verschiedene Räume verteilen und später wieder zusammenbringen. Die optionalen Besprechungsnotizen helfen, Ergebnisse des Meetings zu dokumentieren. Wenn alle Teilnehmenden ihr Einverständnis erklären, kann man in Teams auch eine Aufzeichnung erstellen. Teams steht zur Zeit in über 180 Ländern zur Verfügung.

https://www.microsoft.com/de-de/microsoft-teams/online-meetings

Unser Tipp: Mit Zoom lassen sich auch Bilder vom iPhone und iPad übertragen.

Zoom

Wer mit Zoom Meetings veranstalten möchte, benötigt zunächst ein Zoom-Konto. Damit hat man Zutritt zur eigenen persönlichen Zoom-Umgebung, dem Scheduler, mit dem Meetings geplant und verwaltet werden. Ganz besonders nützlich sind sog. Meeting-Vorlagen, in denen sich die wesentlichen Einstellungen der eigenen Meeting-Formate speichern lassen. Wer zusätzlich das Zoom-Plugin für Outlook installiert, kann seine Meetings direkt von dort planen. Meetings selbst finden im Browser statt, dabei werden alle üblichen Kandidat:innen unterstützt.

Bevor das Meeting startet, landet man je nach Einstellung zunächst in einem Warteraum. Die Bildschirmfreigabe ist nur möglich, wenn dies von der moderierenden Person zugelassen wird. Besonders nützlich ist auch die Möglichkeit, den Bildschirm eines mobilen Endgeräts übertragen zu können, was aktuell für iPhones und iPads bereits möglich ist. Breakout-Rooms sind in Zoom auf max. 50 virtuelle Räume begrenzt, darin können sich bis zu 200 Personen aufhalten. Beim Präsentieren kann man eine

Präsentationsfolie als virtuellen Hintergrund nutzen. Videoclips starten ebenfalls im Vollbild-Modus. Der Nebeneinander-Modus erlaubt es, den übertragenen Bildschirm und die Kamerabilder der teilnehmenden Personen gleichzeitig zu betrachten.

Aufzeichnungen eines Zoom-Meetings können entweder lokal oder in der Zoom-Cloud gespeichert werden – die Zustimmung der Anwesenden muss vorher eingeholt werden. Für Hardware der Herstellers Poly steht mit Zoom Rooms eine praktische Steuerungsmöglichkeit zur Verfügung. Damit lassen sich Meetings auch ad hoc starten. Für Marketing- oder Schulungszwecke ist die Veranstaltungsplattform OnZoom gedacht.

https://zoom.us/de-de/meetings.html

Unser Tipp: Für ein besonderes Live-Erlebnis sorgt dieses kostenlose Tool.

Wonder

Der von Wonder gewählte Ansatz unterscheidet sich von den beiden bereits erwähnten Tools. Mit Wonder ist es möglich, interaktive Meetings zu gestalten, bei denen sich die Besucher beliebig zwischen den verfügbaren Aufenthaltsbereichen bewegen können. Beim Betreten einer sog. „area" öffnet sich automatisch ein Videofenster, das die Anwesenden miteinander verbindet. Umgekehrt schließt sich das Videofenster beim Verlassen von alleine und bleibt bis zum Betreten der nächsten „area" dann wieder stumm. Die „areas" erhalten eine thematische Überschrift, damit sich teilnehmende Personen schon vorab über den Diskussionsfokus einer „area" informieren können.

Im Broadcasting-Modus ist es möglich, alle Anwesenden in den unterschiedlichen „areas" gleichzeitig zu erreichen und anzusprechen. Die anderen sind in diesem Moment stumm geschaltet. Im Broadcasting-Modus können dabei bis zu 6 Personen gleichzeitig „auf Sendung" gehen. Damit eignet sich Wonder auch zum Durchführen virtueller Diskussionsrunden.

Nutzt man die Hintergrundfunktion, lassen sich alle „areas" mit passenden Raumbildern ausstatten. Das können themenbezogene Informationen für Werbe- oder Schulungszwecke sein – oder man möchte einfach eine bestimmte Stimmung in der jeweiligen „area" erzeugen.

Um Wonder nutzen zu können, ist ein Benutzerkonto erforderlich. Damit lässt sich zunächst ein Raum einrichten, der dann in die verschiedenen „areas" unterteilt werden kann. Aktuell ist Wonder noch kostenlos und uneingeschränkt nutzbar.

https://www.wonder.me/

02 Digitale Whiteboards

MS Whiteboard

Miro

Conceptboard

Wo Menschen zusammenarbeiten oder lernen, entstehen Ideen – und diese müssen dokumentiert und festgehalten werden. Handelt es sich dabei um grafische Informationen wie Skizzen, Bilder oder einfach nur Gedanken, bieten sich digitale Whiteboards als Werkzeug der Wahl an. Digitale Whiteboards unterstützen bei der agilen Zusammenarbeit, im Produktdesign genauso wie in der Softwareentwicklung, dem Projektmanagement und auch im Vertrieb.

Ein digitales Whiteboard kann wie sein analoges Pendant Informationen „konservieren" und dabei mit sehr unterschied-

Kathrin Strehlau, Brigitte Berscheid: Online-Teamhacks

lichen Informationsquellen umgehen. Egal, ob Texteingabe, Bilder oder ganze Dokumente, ein digitales Whiteboard sammelt und bewahrt Informationen, die von vielen Menschen gleichzeitig eingebracht werden können.

Der Interaktionsgrad ist dabei um ein Vielfaches höher, gerade weil viele Menschen synchron am selben Board arbeiten und mehr Ideen sichtbar(er) werden. Ausgestattet mit einem digitalen Werkzeugkasten und einem „Avatar" – dem digitalen Gesicht am Bildschirm – kann die Moderation lebendig gestaltet werden. Teilnehmende werden interaktiv einbezogen. Boards lassen sich vorbereiten und in Folgeterminen erneut bereitstellen. Mit Vorlagen verkürzt sich die Vorbereitung und der Wiedererkennungseffekt steigt.

Einige Tools sind dabei in der Lage, zwischen Arbeits- und Präsentationsmodus zu wechseln. Vermittlungs- und Arbeitsphasen bilden so den gewünschten Mix aus Zuhören und Interaktion. Sogar die Live-Übertragung von Kamerabildern der Teilnehmenden ist möglich.

Kriterien	MS Whiteboard	Miro	Conceptboard
Funktionsumfang	+++	+++++	++++
Usability	+++	+++++	++++
DSGVO-konform	Ja*	Unklar	Ja*
Server-Standort	EU	US	DE
Kosten	Abonnement	Abonnement	Abonnement
Mobile App	Ja	Ja	Nein
Testphase	30 Tage	Keine	30 Tage
Besonderheit		Kostenlose Version verfügbar	Workflow-Funktion
Gesamtwertung	★★★☆☆	★★★★★	★★★★☆

*laut Herstellerangabe

MS Whiteboard

Microsoft Whiteboard beschreibt seine Arbeitsumgebung als „digitalen Zeichenbereich für erfolgreiche Teambesprechungen". Damit wird auch schon die Integration des Tools in die Office-365-Welt sichtbar.

Microsoft Whiteboard kann als eigenständige App oder als Werkzeug innerhalb eines Teams Meetings genutzt werden. Mit den darin enthaltenen Werkzeugen lassen sich Texte, Bilder, Dateien oder auch Kameraaufnahmen erfassen und einbetten. Hierzu stehen Stifte, Post-its, Formen und verschiedene Stilobjekte, wie z.B. Tabellen, zur Verfügung.

Eine umfangreichen Vorlagensammlung liefert Ideen und beschleunigt so den oft mühsamen Vorbereitungsprozess. Selbst Abstimmungen können interaktiv am Microsoft Whiteboard durchgeführt werden.

Microsoft Whiteboard kann in der Web-App oder in einer eigenständigen Anwendung ausgeführt werden. Dabei ist die lokale Anwendung mit noch mehr Werkzeugen ausgestattet. Sie stellt gleich eine ganze Palette an Vorlagen zur Verfügung, kann handschriftliche Notizen optimieren und Strichzeichnungen in grafische Objekte oder auch Tabellen umwandeln. Fertige Boards lassen sich in jedem Teams Meeting abrufen oder über einen sog. Teams-Kanal bereitstellen.

Zum Exportieren werden die Board-Inhalte in eine Bilddatei umgewandelt, die sich anschließend auch per Mail verschicken lässt. Microsoft Whiteboard ist Teil unterschiedlicher Office-365-Abonnements.

https://www.microsoft.com/de-de/microsoft-365/microsoft-whiteboard/digital-whiteboard-app

Unser Tipp: Der Live-Video-Chat macht die Zusammenarbeit noch lebendiger.

Miro

Die Bandbreite der Anwendungsmöglichkeiten von Miro reicht von der Begleitung von Meetings und Workshops bis zur Visualisierung von Oberflächen-Designs für Software und Webanwendungen. Möglich wird dies durch eine große Auswahl an spezifischen Vorlagen und Designelementen sowie durch sehr umfangreiche Interaktionsmöglichkeiten in der Live-Anwendung.

Bereits die kostenlose Version bietet drei editierbare Boards und unbegrenzt viele anonyme Besucherplätze. Ergänzend hierzu hat man als Moderator:in die Möglichkeit, die Bewegung der Teilnehmenden zu beobachten und sie einzeln an einem Ort im Board zusammenzuholen. Das ist dann sinnvoll, wenn Gruppen für eine begrenzte Zeit an unterschiedlichen Aufgaben bzw. in unterschiedlichen Bereichen in Miro arbeiten.

Damit Teilnehmende auch aktiv an der Board-Gestaltung mitarbeiten können, wird mindestens ein bezahlter Account benötigt. Die Anzahl der Boards ist dann unbegrenzt, vorhandene Vorlagen können individuell angepasst und gespeichert werden. Weitere Besonderheiten sind der Live-Video-Chat, eine Timer-Funktion für die Gruppenarbeit und ein integriertes Abstimmungs-Tool. Die Organisation der Boards erfolgt dann auch in Projekten, der Zugriff auf Informationen wird über die Board-Verwaltung gesteuert.

Ein Single-Sign-On (SSO) in Verbindung mit sog. „Tagespässen" für externe Ressourcen steht im nächsthöheren Abonnement bereit. Für größere Organisationen werden diverse Dienstleistungen im Rahmen des Onboarding-Programms angeboten. Ein Success-Management begleitet die Einführung.

https://miro.com/de/

Unser Tipp: Für ein besonderes Live-Erlebnis sorgt dieses Tool.

Conceptboard

Der digitale Dienst von Conceptboard wird in einem deutschen Rechenzentrum bereitgestellt und erfüllt alle Anforderungen der DSGVO bzw. GDPR. Die kostenlose Standardversion ist für Einzelpersonen interessant, die damit unbegrenzt viele Boards erstellen und mit anonymen Besuchern betrachten, aber nicht bearbeiten können. Im Live-Moderationsmodus lassen sich alle Board-Besucher an einem Ort versammeln und durch die verschiedenen Arbeitsbereiche führen.

Mit Chats, Kommentaren und Erwähnungen einzelner Personen bietet Conceptboard einen hohen Interaktionsgrad. Der Passwortschutz einzelner Boards gewährleistet in Verbindung mit unterschiedlichen Berechtigungsstufen die notwendige Vertraulichkeit.

Ab der Bezahlversion steigt der Speicherplatz in der Cloud von 500 MByte auf 2 GByte, für Meetings steht eine Timer-Funktion zur Verfügung und externe wie interne Personen können an der gemeinsamen Bearbeitung teilnehmen. Die aktive Zeit für Audio- und Video-Chat sowie Screensharing ist auf 10 Stunden pro Monat begrenzt. Drittanbieter-Apps können ebenfalls eingebunden werden.

Wer einen Workflow-Prozess zur Abstimmung von Inhalten benötigt, muss auf das nächsthöhere Abonnement wechseln. Damit erhält man dann insgesamt 1 TByte Speicherplatz und bekommt im Onboarding-Prozess eine persönliche Begleitung zur Seite gestellt.

https://conceptboard.com/de/

03 Digitale Umfrage-Tools

MS Forms

Slido

Mentimenter

Umfrage-Tools können in der virtuellen Arbeitswelt für recht unterschiedliche Anwendungen genutzt werden. Naheliegend ist z.B. das Erstellen von Zufriedenheitsumfragen am Ende einer Qualifizierungsmaßnahme oder aber – in Verbindung mit einem geplanten Personalentwicklungsprogramm – einer Umfrage zum Zweck der Bedarfserhebung.

Die dazu benötigte Vielfalt an Fragetypen und Bewertungsmöglichkeiten kennzeichnet die einzelnen Tools und unterscheidet sie gleichzeitig. Besonders hervorzuheben sind die verschiedenen Darstellungsoptionen, um die erfassten Daten bzw. Umfrageergebnisse zu präsentieren. Hier reicht

Kathrin Strehlau, Brigitte Berscheid: Online-Teamhacks

die Bandbreite von einfachen Diagrammen bis hin zu sog. „Word Clouds", eine Visualisierung, bei der Begriffe je nach Häufigkeit unterschiedlich groß erscheinen.

Sehr praktisch ist auch das Generieren von Links, um Umfragen per Mail zu teilen oder – wie in einigen der hier vorgestellten Tools – die Möglichkeit, Umfragen direkt in eine PowerPoint-Präsentation einzubetten und während des Vortrags live abrufbar zu machen. Optional gelingt dies auch über QR- oder Zahlen-Codes, die von den Programmen bereitgestellt werden.

Wer anstelle einer Umfrage lieber einen Test erstellen möchte, benötigt die Option, Antworten in der Umfrage zu hinterlegen, um richtige von falschen Antworten unterscheiden zu können. So sind nicht nur Bewertungen, sondern auch Abschlusstests am Ende einer Qualifizierung möglich. Wenn das – wie in einigen Fällen – dann auch noch kostenlos angeboten wird, bleibt kein Wunsch mehr offen.

Kriterien	MS Forms	Slido	Mentimeter
Funktionsumfang	+++	++++	++++
Usability	++++	+++++	++++
DSGVO-konform	Ja*	Ja*	Ja*
Server-Standort	EU	US	SE/US
Kosten	Abonnement	Abonnement	Abonnement
Mobile App	Nein	Ja	Ja
Testphase	30 Tage	Keine	Keine
Besonderheit	PowerPoint-Integration	Kostenlose Version, Power-Point-Plugin	Remote App als Fernbedienung
Gesamtwertung	★★★☆☆	★★★★☆	★★★★☆

*laut Herstellerangabe

Kathrin Strehlau, Brigitte Berscheid: Online-Teamhacks

Microsoft Forms

Mit der Umfrage-Funktion von Microsoft Forms ist das Erstellen von Umfragen und Tests ohne Vorkenntnisse schnell und einfach umzusetzen.

Für Umfragen stehen unterschiedliche Fragetypen zur Verfügung. Multiple-Choice-Fragen gehören ebenso zum Umfang wie Bewertungsfragen mit Punktesystem bzw. Sternchen oder auch Zuordnungsfragen. In Textantworten – je nach Auswahl mit einer längeren oder kürzeren Antwortoption – lässt sich die Antwort auf Zahlen innerhalb eines bestimmten Gültigkeitskreises begrenzen. Auch Bilder und Videos können als Bestandteil einer Frage genutzt werden.

Pflichtfelder werden ebenso unterstützt wie die Option, logische Verzweigungen in die Abfrage einzubinden. Beim Erstellen von Tests müssen die richtigen Antworten zu Beginn hinterlegt werden, damit die Probanden nach Abschluss der Umfrage ihr persönliches Testergebnis gleich sehen können. Die Antworten

lassen sich darüber hinaus auch um einen Kommentar bzw. Lösungshinweis ergänzen.

Vor dem Versenden kann die Darstellung einer Umfrage durch die Auswahl mehrerer Designvorlagen angepasst werden. Hier sind sogar individualisierte Vorlagen in der unternehmenseigenen CI möglich. Eine Vorschau sowie das spätere Ausfüllen sind sowohl am PC-Bildschirm als auch an mobilen Endgeräten möglich.

In den Umfrageeinstellungen wird schließlich der Kreis der antwortberechtigten Personen definiert. Mit einer optionalen zeitlichen Zugriffsbegrenzung ist dann ein digitaler Teilnahme- bzw. Einsendeschluss umsetzbar. Verschiedene Ergebnisansichten vervollständigen den Leistungsumfang.

https://support.microsoft.com/de-de/forms

Unser Tipp: Das Slido PowerPoint-Plugin ist eine praktische Erweiterung.

Slido

Wer mit Slido Umfragen erstellen möchte, benötigt zunächst ein kostenloses Zugangskonto. Damit hat man dann Zutritt zu seiner persönlichen Slido-Umgebung und kann sofort loslegen, um die erste Umfrage zu erstellen.

Umfragen, auch „Polls" genannt, enthalten genau eine Frage und werden einem zeitlich terminierten Event zugeordnet. In der kostenlosen Version sind max. 3 Umfragen pro Veranstaltung möglich. Umfragen werden in der Verwaltungsumgebung von Slido angezeigt und können dort mehrfach genutzt und auch kopiert werden. Der generierte Zugriffs-Code hat eine begrenzte Gültigkeitsdauer, die Umfrageergebnisse lassen sich aber dauerhaft abrufen. Am Ende einer Umfrage erhält man eine Mail mit Auswertungen zum Nutzerverhalten und zur Beteiligungsquote.

Im günstigsten Bezahl-Tarif sind unbegrenzte Umfragen und Tests mit max. 200 Teilnehmenden möglich. Das Benutzerkonto bietet die Option, sog. „Surveys", das sind Fragebogen mit meh-

reren Abfragen, wie sie z.B. in der Marktforschung eingesetzt werden, zu erstellen.

Umfragen in den Bezahl-Tarifen sind medial ansprechender, da auch Bilder eingefügt werden dürfen. Eine Besonderheit während Meetings oder Webinaren ist die Live-Chat-Funktion. Hier können Zuhörer Fragen stellen, während andere für die Fragen voten. Fragen mit höherem Interesse rutschen im Ranking weiter nach oben, um anschließend live beantwortet zu werden. Eine Besonderheit von Slido ist das PowerPoint-Plugin, welches Umfragen direkt in PowerPoint-Präsentationen erstellt und abrufbar macht. Bequemer geht es nicht. Eine Teams-Integration ist ebenfalls verfügbar.

https://www.sli.do/de

Mentimeter

Unser Tipp: Mit Mentimeter lassen sich Umfragen vom Handy aus steuern.

Mentimeter bietet eine Palette von 13 unterschiedlichen Fragemöglichkeiten – darunter „Word Clouds" und Quizfragen.

Umfragen werden ähnlich wie bei PowerPoint in Folien organisiert. Die kostenlose Version von Mentimeter bietet unbegrenzt viele Text- und Bildfolien, aber nur 2 Fragefolien und 5 Quizfolien. Abfragen, bei denen das Publikum Fragen stellen und gleichzeitig dafür abstimmen kann, heißen hier Q&A-Abfragen.

Bereits ab dem günstigsten Bezahl-Abo lassen sich auch Power-Point-Charts in eine Mentimeter-Präsentation importieren. Die Option, Umfragen privat zu kennzeichnen, ist dann ebenfalls verfügbar. Wer besondere Ansprüche an das Layout stellt oder sogar die eigene CI in der Umfrage abbilden möchte, braucht eines der höherwertigen Abos. Damit kann man dann auch das eigene Logo nutzen und die Unternehmensfarben anpassen.

Ein Excel-Export wird bereits im einfachsten Bezahl-Modell angeboten. Das Umwandeln der Präsentation in ein PDF ist immer möglich. Besonders interessant ist die Option, dieselbe Umfrage von mehreren Personen am selben Endgerät durchführen zu lassen. Teams können Umfragevorlagen erstellen und gemeinsam nutzen.

Eine einfache Benutzerverwaltung vergibt Rollen und Rechte, dazu ist dann aber ein Enterprise-Abonnement erforderlich. Während das Help Center für alle Benutzer verfügbar ist, genießen Enterprise-Kunden beim sog. Onboarding-Prozess eine persönliche Unterstützung.

https://www.mentimeter.com/

04 Digitale Aufgaben-Boards

MS Planner

MeisterTask

awork

Tools in dieser Kategorie werden zum Aufgabenmanagement eingesetzt. Einige können nicht nur Aufgaben, sondern auch Checklisten innerhalb von Aufgaben verwalten. Mit der Statusverfolgung kann ein Team bzw. eine Arbeitsgruppe zu jeder Zeit den Fortschritt der erfassten Tätigkeiten bewerten oder ganz gezielt und regelmäßig Terminüberwachung betreiben.

Die Kommunikation findet in der Regel über Kommentare bzw. Diskussionen zu einzelnen Aufgaben statt. Durch das Einbinden externer Dateiablage-Systeme – auch in der Cloud – lassen sich Dokumente verknüpfen. Mit teilweise

Kathrin Strehlau, Brigitte Berscheid: Online-Teamhacks

umfangreichen Berichtsfunktionen können nützliche Auswertungen für die Team- bzw. die Projektleitung aufbereitet werden.

Neben diesen Standardfunktionen verfügt jedes Tool über besondere Eigenschaften und Funktionen, welche die anderen Vertreter in dieser Kategorie so nicht bereitstellen.

Während das eine Tool nur den Anspruch hat, für mehr Transparenz bei der Aufgabenverwaltung zu sorgen, kann es ein anderes Tool durchaus mit Programmen aus der Kategorie Projektmanagement aufnehmen. Damit kommen dann

Werkzeuge zur Budgetierung und Leistungserfassung ins Spiel. Hier sind die Übergänge fließend. Eine Entscheidung pro oder contra ist nicht immer leicht zu treffen.

Alle hier vorgestellten Werkzeuge erfüllen die DSGVO und werden in Rechenzentren in Deutschland oder in Europa gehostet. Auch eine mobile App für iOS und Android ist in allen 3 Tools verfügbar, teilweise mit erstaunlichem Funktionsumfang, ähnlich der sonst im Browser nutzbaren Arbeitsumgebung.

Kriterien	MS Planner	MeisterTask	awork
Funktionsumfang	+	+++	++++
Usability	++	++++	+++++
DSGVO-konform	Ja*	Ja*	Ja*
Server-Standort	EU	DE	DE
Kosten	In 365-Abos mit Teams enthalten	Abonnement	Abonnement
Mobile App	iOS, Android	iOS, Android	iOS, Android
Testphase	30 Tage	14 Tage	14 Tage
Besonderheit		Desktop-App Windows, MacOS	AutoPilot für die Überwachung
Gesamtwertung	★★☆☆☆	★★★★☆	★★★★★

*laut Herstellerangabe

Kathrin Strehlau, Brigitte Berscheid: Online-Teamhacks

Unser Tipp: Für die gleichzeitige Anzeige von Outlook und Planner-Aufgaben ist die mobile App „To Do" empfehlenswert.

Microsoft Planner

In Planner erstellte Aufgaben erhalten ein Start- und Enddatum und können einzelnen oder mehreren Personen zugewiesen werden.

Auf die Aufwandserfassung oder Verfügbarkeitsinformationen von Ressourcen wird zugunsten der Übersichtlichkeit bewusst verzichtet. Als Übersicht der zeitlichen Abfolge von Aufgaben dient eine einfache Kalenderansicht mit allen Aufgaben. Planner bietet außerdem eine Listenansicht mit verschiedenen Gruppierungs- und Filtermöglichkeiten.

Mit der Board-Ansicht lassen sich Kanban-Darstellungen erzeugen und nach Standardkriterien (in Planung, in Arbeit, erledigt) sowie individuellen Kriterien gruppieren. Für bevorstehende und überfällige Aufgaben gibt es eine automatische E-Mail-Erinnerung.

Microsoft Teams kann Aufgaben aus Outlook und aus Planner in einer besonderen Ansicht gleichzeitig anzeigen. Mit der App „Planner" steht auch eine mobile Anwendung für iOS und Android zur Verfügung.

https://www.microsoft.com/de-de/microsoft-365/business/task-management-software

MeisterTask

MeisterTask verwaltet Aufgaben in Projekten. Die Unterscheidung nach persönlichen und Teamaufgaben erfolgt über entsprechend benannte Projekte. Neben der Zuordnung an einzelne Personen gibt es die Rolle als Beobachter, um sich über aktuelle Änderungen informieren zu lassen. Aufgaben lassen sich mit Checklisten und angehängten Dokumenten verbinden.

Der Informationsaustausch findet über Kommentare statt. Das Dashboard zeigt persönliche Aufgaben und Neuigkeiten auf einer übersichtlichen Seite. In der Agenda-Ansicht werden Aufgaben als Kanban-Board mit frei definierbaren Rubriken angezeigt und nach Datum oder Projektname gruppiert. Eine Balkendiagramm-Ansicht wird ab dem Business-Abonnement angeboten und mit der projektbezogenen Kanban-Ansicht kombiniert. Verknüpfte Aufgaben blockieren die jeweils nachfolgenden Aktivitäten bis zur Freigabe.

Wird auch die Zeiterfassung aktiviert, lassen sich aussagekräftige Berichte und grafische Auswertungen erstellen.

https://www.meistertask.com/de

awork

Aufgaben in awork können mit Start- und Ende-Datum sowie einem geschätzten Aufwand geplant und einer Person zugewiesen werden. Aufgaben lassen sich mit Vorgänger und Nachfolger verknüpfen. Persönliche und projektbezogene Aufgaben erscheinen in einer gemeinsamen Ansicht.

Im Teamplaner werden die zeitlichen und inhaltlichen Abhängigkeiten sowie die Auslastung aller Ressourcen sichtbar. Dadurch werden Engpässe rechtzeitig erkannt. Aufgaben lassen sich in der Balkendiagramm-Ansicht neu anordnen. Über frei definierbare Statusfelder sind individuelle Kanban-Ansichten möglich. Wer sich nicht intensiv mit der Aufgabenverfolgung beschäfti-

gen will, kann einen Auto-Piloten aktivieren. Dieser erinnert an bevorstehende Termine und überschrittene Deadlines. Beteiligte können innerhalb einer Aufgabe per Erwähnung miteinander kommunizieren und Dokumente aus OneDrive und GoogleDrive hochladen. Die benutzerfreundliche App bietet einen Überblick bevorstehender Aufgaben, und auch Integrationen zu mehreren externen Anwendungen sind vorhanden.

https://www.awork.io/

05 Chat-Tools

MS Teams Chat

Slack

Twist

Die Möglichkeit, auf kurzem Wege Textnachrichten aus-zutauschen, ist die Kernaufgabe von Team-Messaging bzw. Chat-Tools. Der Fokus liegt dabei auf reinen Textbotschaften, die aber um zusätzliche Elemente wie Dateien und Web-Links erweitert werden können. Mit sog. „Emoticons" – das sind grafische Sticker – lassen sich Botschaften „zwischen den Zeilen" und mit einem Augenzwinkern verschicken.

Inzwischen sind Chat-Tools zur Informationszentrale in vielen Unternehmen geworden. Menschen tauschen sich in themenbezogenen Kanälen über ausgewählte Sachverhalte aus oder organisieren gleich die gesamte Projektkommunikation über solche Plattformen. Typische Werkzeuge wie das Erwähnen einzelner Personen oder Gruppen zählen dabei genauso zum Repertoire wie Datei-Verknüpfungen zu externen Diensten oder dem eigenen Cloud-Arbeitsbereich.

Das reduziert zum einen die E-Mail-Flut und schafft Freiraum, weil das Ablegen und Sortieren von Nachrichten wegfällt. Stattdessen gibt es leistungsfähige Suchfunktionen, zum einen als Volltext-Recherche zu spezifischen Inhalten oder als Personensuche in internen wie externen Verzeichnissen.

Eine besondere Rolle spielt hierbei auch die Möglichkeit, Personen aus anderen Unternehmen oder Solo-Selbstständige in das Kommunikations-Netzwerk zu integrieren. Aspekte der Datensicherheit sind hierbei genauso wichtig wie das Einhalten der deutschen bzw. europäischen Datenschutz-Richtlinien nach DSGVO.

Kriterien	MS Teams Chat	Slack	Twist
Funktionsumfang	++++	++++	+++
Usability	++++	++++	++++
DSGVO-konform	Ja*	Ja*	Ja*
Server-Standort	DE	Weltweit	EU/US
Kosten	Abonnement	Abonnement	Abonnement
Mobile App	Ja	Ja	Ja
Testphase	1 Monat	Keine	Keine
Besonderheit	Lizenzen für SharePoint Online, Yammer & Stream	Workflow-Builder	Kostenlose Version
Gesamtwertung	★★★★☆	★★★★☆	★★★★☆

*laut Herstellerangabe

Unser Tipp: Teams beinhaltet auch Lizenzen für SharePoint Online, Yammer und Stream.

MS Teams Chat

Der Teams Chat steht in allen MS 365-Abonnements zur Verfügung, die auch den Teams-Client enthalten. Nachrichten können – wie in jedem Messaging-Programm üblich – an einzelne Personen oder Gruppen verschickt werden, die ebenfalls eine Teams-Lizenz im Abonnement besitzen. Dazu muss dann auch ein Kundenkonto für Unternehmen bei Microsoft angelegt werden. Bereits die kostenlose Lizenz von Teams erlaubt unbegrenztes Chatten mit Menschen aus über 180 Ländern.

Dabei stehen 10 GByte Datenspeicher für einzelne Teams und 2 GByte für einzelne Personen zur Verfügung. Wem das nicht reicht, der greift zum nächstgrößeren Abonnement, das für einen Monat kostenlos getestet werden kann. Damit erhöht sich der Speicherplatz für Teams auf 1 TByte plus 10 GByte für jede Lizenz.

Da der Teams Chat immer nur in Verbindung mit einer Teams-Lizenz erworben werden kann, stehen viele zusätzliche Werkzeuge für die Zusammenarbeit zur Verfügung. Dazu zählen die

Webversionen von Microsoft Office, deren Daten in der Microsoft Cloud, z.B. einem OneDrive, gespeichert und im Teams Chat verknüpft werden können.

Darüber hinaus sind Dienste wie SharePoint Online, Yammer (das Microsoft Pendant zu Facebook) oder auch Stream (die Videoplattform von Microsoft) feste Bestandteile jeder Teams-Lizenz. Sowohl bei der Datenübertragung als auch beim Speichern findet eine Verschlüsselung statt. In einem bezahlten Abonnement ist die Anzahl der Benutzer innerhalb der eigenen Organisation auf 300 Personen begrenzt. Gastbenutzer aus anderen Unternehmen sind möglich.

https://www.microsoft.com/de-de/microsoft-teams/instant-messaging

Unser Tipp: Der Workflow-Builder automatisiert Prozesse in der Arbeitsumgebung.

Slack

Mit dem kostenlosen Abonnement stellt Slack seinen Kunden bereits viele nützliche Funktionen bereit. So lassen sich beispielsweise die letzten 10.000 Nachrichten durchsuchen. Mit 5 GByte Datenspeicher pro Arbeitsbereich erhält man ähnlich viel Volumen wie bei anderen kostenlosen Diensten.

Direktnachrichten können an interne und externe Kontakte verschickt werden, vorausgesetzt, alle nutzen den Slack-Dienst. Im nächsthöheren und damit bezahlten Abo ist der Nachrichtenverlauf unbegrenzt und es werden 10 GByte Speicherplatz pro Konto bereitgestellt.

Die Philosophie von Slack folgt einer Integrations-Strategie, was bedeutet, dass eine Slack-Arbeitsumgebung mit Funktionen erweitert werden kann, die von Drittanbietern stammen. Derzeit sind das über 2.000 integrierbare Apps, die dem Workspace hinzugefügt werden können. Eine Besonderheit in Slack ist der sog. Workflow-Builder. Mit ihm lassen sich Prozesse im Unternehmen ereignisbezogen automatisieren. Das entlastet die Organisation und bietet viel kreativen Freiraum in den einzelnen Arbeitsbereichen. Ereignisse wie z.B. das Benutzen eines Emoticons in einer Nachricht können genauso Auslöser für einen Workflow sein wie das Beitreten eines neuen Teammitglieds.

In puncto Sicherheit erfüllt Slack die Vorgaben der DSGVO und unterstützt unter anderem die 2-Faktor-Authentifizierung von Google. Unternehmen können die Datenresidenz selbst bestimmen und verfügen damit jederzeit über die Hoheit ihrer Daten.

https://slack.com/intl/de-de/

Twist

Twist zielt mit seinem Team-Messenger direkt auf Kunden, die aktuell mit Slack arbeiten und verfolgt dabei einen alternativen Ansatz. Statt Nachrichten nur in Kanälen zu organisieren, sucht Twist einen neuen Weg, um den durch Echtzeit-Chats leicht entstehenden Stress zu durchbrechen.

Das gelingt dadurch, dass Diskussionen in sog. Threads organisiert werden. Informationen können damit auch nach längerer Zeit schneller gefunden werden. Dem unstrukturierten Arbeiten in klassischen Unterhaltungskanälen wird eine asynchrone Kommunikationsstruktur in durchsuchbaren Threads gegenübergestellt. Das kann helfen, die „Fragmentierung" von Informationen zu verhindern, vorausgesetzt, dass das Team diese Form der Kommunikation beherrscht und sich in einer gewissen Disziplin übt.

Der Vorteil der sich daraus ergebenden Entschleunigung in der Kommunikation sind entspannte Mitarbeitende und bessere Entscheidungen. In Twist hat jede Person die Möglichkeit, sich auf „offline" zu setzen und Nachrichten erst dann zu lesen, wenn es der eigene Arbeitsrhythmus zulässt. Durch die besondere Nachrichtenstruktur lässt sich eine Unterhaltung auch zu einem späteren Zeitpunkt leicht nachvollziehen. Es fällt auch genauso leicht, angemessen zu reagieren.

Die kostenlose Lizenz unterscheidet sich vor allem in dem durchsuchbaren zurückliegenden Zeitraum. Dieser ist auf einen Monat beschränkt, in der Bezahlversion gibt es keine Beschränkung. Twist erfüllt die Bedingungen der DSGVO bzw. GDPR.

https://twist.com/de/

06 Online-Filesharing

OneDrive

Dropbox

WeTransfer

Tools in dieser Kategorie werden zur Datenspeicherung und zum Datentransfer über das Internet – also auch über Unternehmensgrenzen hinweg – genutzt. Die Dokumente werden dabei in die Cloud-Umgebung eines Anbieters hochgeladen und anschließend mit anderen Personen geteilt.

Über ein Berechtigungskonzept werden dabei unterschiedliche Zugriffs- und Bearbeitungsrechte vergeben. Nicht alle der hier genannten Filesharing-Dienste sind in Deutschland oder Europa gehostet. Damit ist dann auch die europäische bzw. deutsche Datenschutzrichtlinie GDPR/DSGVO nicht bei allen Diensten erfüllt.

Kathrin Strehlau, Brigitte Berscheid: Online-Teamhacks

Bei allen Anbietern ist die Datenmenge der zu speichernden Daten nach oben begrenzt. Sie kann aber durch ein entsprechendes Upgrade in aller Regel aufgestockt werden. Ähnliches gilt auch für das Verarbeiten bzw. Teilen einzelner Dokumente. Sowohl die Dateigröße als auch die Zugriffsdauer, in der ein Dokument in der Cloud genutzt werden kann, sind sehr individuell. Auch in einer Cloud-Umgebung bleibt der Nutzer am Ende selbst für die Sicherheit seiner Daten verantwortlich. Das bedeutet, dass zusätzliche Maßnahmen zur Datensicherung getroffen werden müssen.

Sowohl bei der Datenspeicherung in der Cloud als auch beim Datentransfer zwischen Benutzern greifen Verschlüsselungsmechanismen, die den Verlust oder den missbräuchlichen Datenzugriff verhindern sollen.

Im besten Falle gibt es eine optionale 2-Faktor-Authentifizierung, die den Zugang zur Datenplattform schützt. Einige Plattformen erlauben sogar das gleichzeitige Arbeiten an Dokumenten, ohne dass es dabei zu Kollisionen kommt.

Kriterien	MS OneDrive	Dropbox	WeTransfer
Funktionsumfang	+++	++++	++
Usability	+++	++++	++++
DSGVO-konform	Ja*	Nein	Nein
Server-Standort	DE	Weltweit	US
Kosten	Abonnement	Abonnement	Abonnement
Mobile App	iOS, Android	iOS, Android	iOS, Android
Testphase	1 Monat	1 Monat	Keine
Besonderheit	Bestandteil der meisten MS 365-Abos	Dropbox Desktop App	mobile App Paste und Collect
Gesamtwertung	★★★☆☆	★★★★☆	★★★☆☆

*laut Herstellerangabe

Unser Tipp: Die Scan-Funktion von OneDrive digitalisiert Texte, Bilder und mehr.

Microsoft OneDrive

In OneDrive gespeicherte Daten stehen an jedem Endgerät, das auf eine Internetverbindung zugreifen kann, zur Verfügung. One-Drive ist als separater Dienst bei Microsoft buchbar und stellt Privatanwendern im kostenlosen Abo mit 5 Gigabyte bereits ausreichend Speicherplatz zur Verfügung. Für den professionellen Einsatz sind größere Pakete mit 100 Megabyte oder 1 Terrabyte Speicherplatz empfehlenswert. Einzelne Dateien dürfen dabei bis zu 100 Megabyte groß werden.

Besondere Berechtigungseinstellungen verhindern bei Bedarf den Download von freigegebenen Dateien. Wird OneDrive im Browser genutzt, können bis zu 320 verschiedene Dateitypen online betrachtet werden. Außerdem lässt sich der Dateizugriff durch individuelle Kennwörter schützen.

Daten werden in OneDrive während der Speicherung und dem Datentransfer wirkungsvoll verschlüsselt. In höherwertigen Abonnements stehen zusätzliche Überwachungsmöglichkeiten – sog. eDiscovery-Lösungen – und verschiedene Compliance-An-gebote zur Verfügung. Damit kann in Streitfällen z.B. die Echtheit von Daten belegt werden.

Mit einem Abonnement, das auch eine Teams-Lizenz enthält, ist sogar das synchrone Arbeiten an Dokumenten umsetzbar. Möglich wird dies durch das Bereitstellen von Daten in der Cloud-Umgebung von SharePoint-Online.

Die mobile OneDrive App ist nicht nur in der Lage, Dokumente zu speichern und zu öffnen, sie bietet auch eine Scan-Funktion, um Papierbelege, Bilder oder Skizzen in digitale Dateien umzu-wandeln.

https://www.microsoft.com/de-de/microsoft-365/onedrive/on-line-cloud-storage

Unser Tipp: Dropbox kann auch Passwörter verwalten.

Dropbox

Wer Daten in einer Dropbox speichern möchte, benötigt – wie bei den meisten alternativen Diensten auch – zuerst ein persönliches Konto. Das gilt nicht für Personen, mit denen die Daten geteilt werden sollen. Diese können auch ohne vorherige Anmeldung auf geteilte Daten zugreifen.

In der kostenlosen Version stehen den Benutzern 2 GByte Datenvolumen zur Verfügung. Dies kann je nach Abo-Modell auf unbegrenzten Speicherplatz erweitert werden. Wer ein kostenloses Dropbox-Konto nutzt und neue Dropbox-Nutzer wirbt, kann dadurch seinen Speicherplatz schrittweise erhöhen – ganz kostenlos. Dropbox garantiert eine Datei-Wiederherstellung für 30 zurückliegende Tage, in den Business-Tarifen können Daten sogar für 180 zurückliegende Tage wieder verfügbar gemacht werden.

Dropbox bietet eine 2-Faktor-Authentifizierung zur besseren Kontosicherheit. Der Zusatzdienst Dropbox Paper öffnet Doku-

mente aus dem Cloud-Speicher direkt in der ursprünglichen Anwendung. Der Umweg über einen Download entfällt.

Je nach Tarif können einzelne Dateien mit einer Größe von bis zu 100 GByte über Dropbox Transfer übertragen werden. Nach dem Transfer belegen sie keinen weiteren Speicherplatz. Die Smart Sync-Technologie synchronisiert ausgewählte Dateien mit der Festplatte und entlastet damit die lokalen Speichermedien.

Dropbox Vault ist ein Tresor in der Cloud und schützt vertrauliche Daten, während Dropbox Passwords Zugangsdaten zu beliebigen Online-Konten speichert und verwaltet.

https://www.dropbox.com/

Unser Tipp: Mit Collect und Paste wird Zusammenarbeit im Team noch attraktiver.

WeTransfer

Der Dienst WeTransfer verfolgt einen etwas anderen Ansatz. Der Fokus liegt auf dem kurzfristigen Austausch sehr großer Dateien. Diese können aufgrund der Datei-Größenbeschränkung auf vielen Plattformen erst gar nicht gespeichert werden.

In der kostenlosen Version erlaubt WeTransfer das Übertragen von bis zu 2 GByte großen Dateien. Diese stehen den Empfängern für 7 Tage zum Download zur Verfügung und werden anschließend automatisch gelöscht. Zum Versenden muss nur die Mailadresse des Empfängers eingegeben werden. Über das Abrufen der Dateien wird ein Protokoll erstellt und per Mail an den Absender verschickt.

Mit dem bezahlten Abo WeTransfer Pro steht zusätzlich 1 TByte Speicherplatz in der Cloud zur Verfügung. Dateien können dann bis zu einer Größe von 20 GByte verschickt werden – auch mehrfach. Die Übertragung lässt sich mit einem Passwort schützen

und ist somit noch sicherer. Außerdem kann die Gültigkeit des Übertragungslinks über die 7-Tages-Frist hinaus verlängert werden.

Die Oberfläche von WeTransfer ist sehr „aufgeräumt" und bietet im Prinzip auch nur eine einzige Funktion: das Versenden von großen Dateien.

Mit den ergänzenden Tools Paste und Collect geht WeTransfer einen neuen Weg in der Zusammenarbeit. Mit Collect werden Ideen gesammelt, Vorschläge werden in Paste als Folien festgehalten. Das Team trifft Entscheidungen, welche Vorschläge weiter verfolgt werden. Sich daraus ergebende Aufgaben werden im Team delegiert.

https://about.wetransfer.com/de

Service

Kathrin Strehlau

www.teamelement.de

▶ Langjährige operative & strategische Erfahrung in einem mittelständischen Familienunternehmen

▶ Diplom-Psychologin, Teamgestalterin, agiler Coach, Möglichmacherin

▶ Fokus: Digitale Teamentwicklung, DIY-Teamentwicklung

▶ Impulse für Teams, Führungskräfte & Projekte mit dem HippocampusFaktor®: dynamisch, flexibel, inspirierend

▶ Gründerin von TEAMELEMENT

Entwickelt euch weiter!

Lernen, sich selbst zu entwickeln, statt Team- und Führungskräfteentwicklung überwiegend teamexternen Experten zu überlassen: #DIY-Teamentwicklung ist eine der Kernkompetenzen von Teams und Führungskräften, um in unserer durch Globalisierung und Digitalisierung komplexer und schneller werdenden (Arbeits-)Welt gesund zu wirtschaften.

So werden Teams und Führungskräfte nicht als „Human Ressourcen" gesehen, die von oben oder außen krankoptimiert werden. Sie werden als selbstbestimmte Individuen mit vielfältigen Werten, Fähigkeiten und Zielen gesehen, die ihre Arbeitsweisen so verbinden können, dass sie flexibel auf sich verändernde Märkte, Kundenbedürfnisse und Organisationsentwicklungen reagieren und diese mitgestalten können.

Denn Menschen sind motiviert, wenn wir ihnen stärkenorientierten Freiraum lassen und wertschätzend auf Augenhöhe begegnen.

Brigitte Berscheid

www.flecsable.de

▶ Trainerin für Führung, Zusammenarbeit und Kommunikation

▶ Gepr. Teamgestalterin (Leuphana Lüneburg)

▶ Fokus: Digitale Führung und Zusammenarbeit

▶ Trainingsdesign

▶ Beratung und Training bei der Einführung von MS 365 und Teams

▶ Co-Founder & CEO bei flecsable®GmbH

Work is not a place!

Nachdem ich selbst lange Zeit in Führungsverantwortung gearbeitet habe, begleite und trainiere ich seit vielen Jahren Führungskräfte und Teams. Schon lange bevor von einem Tag auf den anderen quasi alle Teams ins Homeoffice katapultiert wurden, habe ich Trainings für erfolgreiche Führung und Zusammenarbeit in dezentralen Teams entwickelt.

Mobiles Arbeiten in räumlich verteilten Teams ist kein vorübergehender Trend, sondern gekommen, um zu bleiben. Die Digitalisierung der Zusammenarbeit bedeutet Change und Paradigmenwechsel. Dieser Wandel ist aber eine große Chance, denn er macht den Weg frei für eine Arbeitswelt, in der es nicht darauf ankommt, wo ein Unternehmen seinen Sitz hat, damit es die besten Mitarbeitenden für sich gewinnen kann!

Klaus Berscheid

www.flecsable.de

- Dipl.-Ing. (FH) Medientechnik mit Aufbaustudium Informatik

- Microsoft Certified Professional Trainer / Product Specialist EPM

- Entwicklung und Einführung von Konzepten für die digitale Zusammenarbeit

- Implementierungsplanung und -begleitung von Microsoft 365

- Multiplikatorenkonzepte & -schulungen

- Co-Founder & CEO bei flecsable®GmbH

Stephanie Eisner-Kraschon

- Zertifizierte und geprüfte Teamgestalterin (Leupana Lüneburg)

- Langjährige Erfahrung im Bereich Teambuilding/Teamführung

- MBSR und Achtsamkeitslehrerin

Arbeitshilfen zum Download

Hier sind die Online-Arbeitshilfen zum Buch aufgelistet. Der Link lautet: https://www.managerseminare.de/tmdl/b,281419

Kapitel 1 – Online-Onboarding
- 01-02_Einarbeitung_Arbeitshilfe.docx
- 01-03_Steckbrief_Arbeitshilfe.docx

Kapitel 2 – Online-Zusammenarbeit
- 02-01_Team-Board_Arbeitshilfe.docx
- 02-02_Planneraufgabe_Arbeitshilfe.docx
- 02-03_Delegation-Board_Input.docx
- 02-03_Delegation-Poker_Input.docx

Kapitel 3 – Online-Meetings
- 03-01/02_Online-Meeting_Arbeitshilfe.docx
- 03-03_Check-in-out_Vorlage.docx
- 03-04_Regieplan_Arbeitshilfe.docx
- 03-05_Weekly_Meetingboard_Arbeitshilfe.docx

Kapitel 4 – Online-Team-Events
- 04-05_World-Cafe-Board_VorlageArbeitshilfe.docx

Kapitel 5 – Online-Kommunikation
- 05-02_Kommunikationsrad_Vorlage.docx

Kapitel 6 – Online-Kompetenzentwicklung
- 06-03_Persona_Vorlage.docx
- 06-05_IDA-Formel_Arbeitshilfe.docx
- 06-05_Achtsame_Alltagstipps_Input.docx
- 06-05_Audio-Datei_Achtsamkeit

Kapitel 7 – Online-Teamentwicklung

- 07-01_Team-Canvas_Vorlage.docx
- 07-02_Satzanfaenge_Arbeitshilfe.docx
- 07-03_Staerken-Canvas_Vorlage.docx
- 07-03_Rollen-Vorlagen_Grafiken.docx
- 07-05_5-Finger_Vorlage.docx

Kapitel 8 – Online-Krisenmanagement

- 08-02_Beobachtungsbogen_Vorlage.docx
- 08-05_Wetterbericht_Vorlage.docx
- 08-05_Smiley-Skala_Vorlage.docx

Kapitel 9 – Online-Changemanagement

- 09-01_4_Elemente_Check-up_Vorlage.png
- 09-03_Projekt-Canvas_Vorlage.docx
- 09-04_Aufgabenboard_Beispiel.docx
- 09-05_Keep-Drop-Try_Vorlage.png

Nützliche Links ...

Alle Links auch in den Download-Ressourcen

➤ Zeitpunkt für internationale Meetings finden:
www.worldtimebuddy.com

➤ Escape-Game in Microsoft Teams:
www.flecsable.de/escape

➤ World-Café mit Zoom und Miro technisch umsetzen:
https://youtu.be/34SE958TFL8

➤ Delegation-Board & Delegation-Poker:
https://management30.com/practice/delegation-poker/

➤ Teamphasen:
https://www.managerseminare.de/Trainerkoffer_Tools/Team-Modell-Teamphasen-nach-Tuckman,162005

➤ Open-Space-Methode:
https://de.wikipedia.org/wiki/Open_Space

... Material- & Lesetipps

▶ Arbeit mit Stärkenkarten:
https://teamworks-gmbh.de/wp-content/uploads/2018/01/20171115-StaerkenNavigator-Anleitung-DE.pdf

▶ Retrospektiven:
https://retromat.org

▶ Neuropsychologie virtueller Führung:
https://www.seminare-beratung.de/files/seminare/media/Publikationen/Logos%20Quellen/managerseminare%20Artikel%20Hormongerechte%20virtuelle%20Fuehrung%20klein.pdf

▶ Imaginations-Karten, um Emotionen auszudrücken:
van Hout, Mies (2012): Heute bin ich. Aracari Verlag.

▶ Impulskarten für Meetings:
Gebhardt, Andreas (2020): 101 Impulskarten zur Entwicklung der Organisationskultur. managerSeminare.

Info-Links ...

- https://www.microsoft.com/de-de/microsoft-teams/video-conferencing

- https://www.microsoft.com/de-de/microsoft-teams/compare-microsoft-teams-options?market=de

- https://support.zoom.us/hc/de/categories/201146643

- https://zoom.us/pricing

- https://www.wonder.me/

- https://www.microsoft.com/de-de/microsoft-365/microsoft-whiteboard/digital-whiteboard-app

- https://miro.com/pricing/

- https://conceptboard.com/plans/

... zu den Features der Online-Tools

- https://support.microsoft.com/de-de/forms?ui=de-DE&rs=de-DE&ad=DE

- https://www.sli.do/product

- https://www.mentimeter.com/plans

- https://slack.com/intl/de-de/help/articles/115003205446-Pl%C3%A4ne-und-Funktionen-von-Slack-

- https://twist.com/features

- https://www.microsoft.com/de-de/microsoft-365/onedrive/compare-onedrive-plans?market=de&activetab=tab:primaryr2

- https://www.dropbox.com/plans?_camp=12126&_tk=prompt_top&trigger=nr

- https://about.wetransfer.com/de/products/?_ga=2.22913275.1722115474.1625242653-437564907.1625242653

Info-Links ...

▸ https://news.microsoft.com/de-de/datenschutz-und-sicherheit-in-microsoft-teams-it-fachleute/

▸ https://docs.microsoft.com/de-de/microsoft-365/enterprise/o365-data-locations?view=o365-worldwideMicrosoft 365-Datenspeicherorte – Microsoft 365 Enterprise | Microsoft Docs

▸ https://zoom.us/de-de/privacy.html#_Toc44414845

▸ https://www.wonder.me/gdpr

▸ https://docs.microsoft.com/de-de/compliance/regulatory/gdpr?view=o365-worldwide

▸ https://miro.com/legal/privacy-policy/

▸ https://conceptboard.com/de/privacy/

▸ https://www.microsoft.com/de-de/microsoft-365/business/data-security-privacy-germany

... zum Datenschutz der Online-Tools

- https://www.sli.do/terms#privacy-policy

- https://www.mentimeter.com/privacy

- https://slack.com/intl/de-de/help/articles/360035633934-Datenresidenz-f%C3%BCr-Slack

- https://slack.com/intl/de-de/trust/compliance/gdpr

- https://twist.com/de/help/articles/security,-privacy-and-gdpr-faq

- https://www.dr-datenschutz.de/microsoft-onedrive-und-der-datenschutz/

- https://www.dropbox.com/privacy

- https://wetransfer.com/legal/terms?_ga=2.22913275.1722115474.1625242653-437564907.1625242653

Hacks & Hashtags

Hier findest du eine Übersicht der Hacks. Die Hashtags symbolisieren wichtige Schlagworte in der Online-Zusammenarbeit. Gleiche Hashtags zeigen dir fokusthemenübergreifend Verbindungen. Bestimmt findest du noch weitere. Lass dich von unserer Liste inspirieren, welche Hacks kombinierbar sind und fühl dich frei, noch weitere Kombinationsmöglichkeiten zu entdecken – denn jede Situation und jede Organisation ist individuell und nicht vorhersehbar!

#verantwortung
#effizienz
#kennenlern

Kathrin Strehlau, Brigitte Berscheid: Online-Teamhacks

Umfassend informiert:
LEADERSHIP professionell

Manfred Schwarz, Iris Schwarz, Maja Härri
smartGuide Führung
111 x schneller Zugriff auf das Führungswissen

2. Auflage 2020, 270 Seiten, 49,90 Euro
Infos: **www.managerseminare.de/tb/tb-9168**

Eugenia Schmitt
Virtuelle Meetings leiten
Effiziente Gestaltung und Durchführung von
virtuellen Meetings

2020, 264 Seiten + digitale Handouts, 49,90 Euro
Infos: **www.managerseminare.de/tb/tb-12059**